Fischer/Schumann

Rotwild

Ansprechen und Bejagen

M. Fischer / H.-G. Schumann

Rotwild

Ansprechen und Bejagen

Neumann
NEUDAMM
seit 1872

Bildnachweis
Sämtliche Zeichnungen wurden von H.-G. Schumann angefertigt; die Fotos auf den Seiten 156 bis 159 lieferte M. Fischer.
Verlag und Autoren danken der Verwaltung des Jagdschlosses Moritzburg für die Bereitstellung des Fotos des 66-Enders aus der Mark Brandenburg (s. Seite 11).

Impressum

ISBN 978-3-7888-2039-8

5. Auflage 2025
Printed in Germany

Erschienen im Ressort Jagd-Praxis im Auftrag des Verlages Neumann-Neudamm

c/o NJN Media AG
Unter dem Schöneberg 1
D-34212 Melsungen

info@neumann-neudamm.de
www.neumann-neudamm.de

Inhaltsverzeichnis

Vorwort

Das Rotwild ist die größte in der freien Natur Deutschlands lebende Schalenwildart. Durch starke Landnutzung werden jährlich Hunderte Hektar Wald- und Feldflächen aus der Natur entnommen und verbaut. Lebensräume des Rotwildes werden dadurch zerteilt, eingeengt oder verkleinert. Als Folge werden uralte Wanderwege und Fernwechsel durch Verkehrswege getrennt. Ein Genaustausch zwischen den Populationen in noch bestehenden größeren Rotwildeinstandsgebieten ist schon fast nicht mehr möglich. Zukünftige Verkehrsplanungen sollten unbedingt technische Voraussetzungen hierzu, sogenannte „Grünbrücken", berücksichtigen. Wichtig ist jedoch die Bewirtschaftung des Rotwildes in großen, zusammenhängenden Einstandsgebieten durch Hegegemeinschaften. Die Bundesländer Brandenburg und Mecklenburg-Vorpommern haben mit ihrer gemeinsamen Bewirtschaftungsrichtlinie für alle Schalenwildarten bereits Pionierarbeit geleistet. Aber auch andere Bundesländer haben großflächige Rotwildhegegemeinschaften gebildet. Sie legen Qualitätsmerkmale für Bejagung und Abschuss nach Altersklassen fest.
Die vorliegende praktische Anleitung zum Ansprechen des Rotwildes gibt dem Jäger eine Orientierung zur Entscheidung, ob der von ihm beobachtete Rothirsch oder das bereits ausgewählte Stück Rotkahlwild abschussnotwendig ist oder weiterhin in der Wildbahn verbleiben sollte. Selbstverständlich sind für fachgerechtes Ansprechen eine langjährige Praxis beim Beobachten des Rotwildes und das Wissen über Einstände, Wechsel und Äsungsflächen unbedingte Voraussetzungen. Neben Erfahrungen und Kenntnissen über die Lebensgewohnheiten gehört dazu auch die Fähigkeit, Geschlechter, Alter, Trophäenentwicklung, Körperstärke und Proportionen des Hirsches und des Kahlwildes beurteilen zu können.

Beide Autoren haben jahrzehntelang in Rotwildeinstandsgebieten als Forstleute und Jäger gearbeitet. Ihre Erfahrungen im Ansprechen und Bejagen des Rotwildes vermitteln sie durch die

Darstellung allgemeiner Grundsätze des Wahlabschusses, verbunden mit den Übungen zum Ansprechen nach der Form des Hauptes, nach dem Gesichtsausdruck und den Geweihformen sowie nach Körpermasse und -form zur Festlegung des Abschuss- und Hegetyps beider Geschlechter. Dabei aufgestellte Entwicklungsreihen, die anhand von Beobachtungen und Abwürfen für einzelne Altersklassen rekonstruiert wurden, bieten die Möglichkeit anzusprechendes Wild oder Abwürfe ohne Mühe in die entsprechenden Altersklassen einzuordnen. Die Alters- und Güteklasseneinteilung folgt den Richtlinien der Länder Brandenburg und Mecklenburg-Vorpommern, die mit wenigen Ausnahmen auch weitestgehend den Bestimmungen der übrigen Bundesländer entspricht. Die Text- und Bilddarstellung wird viele Naturfreunde und Jäger dazu animieren, bei Ansitz oder Pirsch das Erscheinungsbild der Wildart Rotwild erfassen und richtig deuten zu können.

Grundlage der Ausführungen zum Ansprechen sind u. a. die bekannten Brandenburger Rotwildbestände und die Mecklenburg-Vorpommerns, die in über jahrzehntelanger zielgerichteter Bewirtschaftung sowohl von Jagdwissenschaftlern und Fachleuten der Forstwirtschaft als auch von Weidgenossen der Jägerschaften aufgebaut wurden.

Unterdessen kommen zahlreiche Jäger – nicht nur aus anderen Bundesländern, sondern auch aus den Nachbarländern Deutschlands – gezielt nach Brandenburg und Mecklenburg-Vorpommern, um ausgewählte Rothirsche zu erlegen oder an Gesellschaftsjagden teilzunehmen. In diesen Ländern wachsen durch gezielte Wildbewirtschaftung der Hegegemeinschaften gute Rotwildbestände heran. Nur dadurch können jährlich starke, reife Hirsche geerntet werden. Auch der historisch bekannte 66-Ender wurde in Ostbrandenburg erlegt. Das Original ist im Monströsensaal des Jagdschlosses Moritzburg bei Dresden zu sehen.

Sommer 2013

Manfred Fischer
und
Hans-Georg Schumann

„Diesen Hirsch hat in der Brunfft Zeit mit eigener Hand geschossen der Durchlauchtigste Großmächtigste Fürst und Herr Friedrich der Große Markgraf und Chur Fürst zu Brandenburg im Ambte Biegen auf der Jacobsdorffschen Heyde am SeptemBr: Anno 1696 hat gewogen Fünff Centner 35 Pfund, nachdem er schon 3 Wochen geschrien."

Allgemeine Grundsätze für den Wahlabschuss

Zusammenhängende und geschlossene Waldkomplexe des Flach- und Hügellandes sowie des Mittelgebirges und der Hochgebirgsregionen mit äsungsreicher Boden- und Strauchflora bieten dem Rotwild gute Lebensbedingungen. Solche Waldkomplexe werden als Rotwildeinstandsgebiete ausgewiesen. Mithilfe einer Bonitierung kann die Wilddichte entsprechend der vorhandenen Äsungskapazität festgelegt werden. Rotwild hält sich nur in Gebieten auf, die genügend Äsung und entsprechende Deckung bieten, denn nur in störungsfreien Gebieten fühlt es sich wohl. Die Bedeutung der Bonitierung liegt in der Aussage, wie viel Stücke Rotwild ein ausgewiesenes Einstandsgebiet tragen kann. Die Bonitierung stellt damit eine biologische Wildschadensverhütung dar. Sie sichert die Lebensbedingungen für das Rotwild.

Besteht ein Wildbestand, der den Bedingungen seiner Umgebung entspricht, werden notwendige Interessen sowohl der Forstwirtschaft und der Landwirtschaft als auch des Rotwildes vereint. Bedingt durch ökologische Gegebenheiten bestehen Unterschiede in der Körper- und Trophäenstärke mit ihren qualitativen Entwicklungen. Die dabei ermittelten Werte sind Grundlage für Hegerichtlinien des Einstandgebietes und für die Durchführung des Wahlabschusses. Hierbei sind folgende Grundsätze zu beachten:

Nach dem äußerlich erkennbaren Gesundheitszustand sind alle offensichtlich kranken, kümmernden und stark abgekommenen Stücke und solche mit schweren Verletzungen, unabhängig von Alter und Geschlecht, zu erlegen.

Stücke mit geringen Verletzungen, die ausheilen, bzw. Hirsche mit zeitweiligen Stangendeformationen oder Stangenbrüchen sind zu schonen, wenn nicht andere Gründe den Abschuss rechtfertigen oder unbedingt erforderlich machen.

Beim Ansprechen steht die Beurteilung der Körperstärke als Bewertungsmaßstab an erster Stelle.

Alle in der Körperstärke unterdurchschnittlichen männlichen und weiblichen Stücke sind zu erlegen.

Um der Weitergabe des Erbgutes schlecht veranlagter Stücke vorzubeugen, müssen diese nach Möglichkeit schon vor der Brunft gestreckt werden.

Wahlabschuss beim männlichen Rotwild

Das männliche Stück Rotwild heißt *Rothirsch* und das gesetzte Junge ist das *Hirschkalb*. Das Umsetzen in die nächsthöhere Altersklasse erfolgt, wie bei allen anderen Schalenwildarten auch, immer zum 1.4. eines jeden Jahres.

Ein Hirschkalb bleibt so lange in seiner Altersklasse, bis Spieße als erstes Geweih sichtbar werden. Sind die Rosenstöcke voll entwickelt, das ist ab dem 2. Lebensjahr der Fall, dann wächst auf ihnen das erste Geweih in Form zwei gleicher oder unterschiedlich langer Spieße. Man nennt das Stück nun *Spießer*. Das Wachsen des Geweihes bezeichnet man als *Aufsetzen*, das jährliche Verlieren als *Abwerfen*.

Das Geweih sitzt auf zwei Stirnzapfen, den *Rosenstöcken*. Bei den nach dem 1. Jahr immer wieder jährlich wachsenden Geweihstangen bildet sich oberhalb des Rosenstockes eine Wulst, die man *Rose* nennt. Bei dem Erstlingsgeweih des sogenannten Spießers fehlen jedoch die Rosen noch. In den darauf folgenden Jahren wachsen Geweihstangen mit *Enden*. Sind drei Enden oder auch mehrere im oberen Bereich der Geweihstange, spricht man von einer *Krone*. Bei einer Krone können die Enden mehr oder weniger auseinandergezogen gewachsen sein. Es gibt unterschiedliche Kronentypen.

Die an der Stange befindlichen Erhebungen werden *Perlung* genannt. Man unterscheidet gut und schlecht geperlte Stangen. Vertiefungen, von unten nach oben auf der Stange, die sich manchmal auch seitlich verästeln, sind *Furchen*. Trägt der Hirsch je Stange je eine Augsprosse und je ein Ende ist es ein *Gabler*. Sind am Ende des Spießes schon im 1. Lebensjahr aus einem Punkt heraus zwei Enden gewachsen, so ist es ein *Gabelspießer* (auch *Hochgabler* genannt), bei drei Enden sprechen wir vom *Kronenspießer*. Sind an einer Stange, von unten nach oben, drei Enden vorhanden, ist es ein *Sechser* und bei vier Enden ein *Achter*. Fehlt jeweils an einer Stange ein Ende, so spricht man von einem *ungeraden Sechser* oder *ungeraden Achter*. Danach bezeichnet man je nach Enden an der Stange einen *Zehner*, *Zwölfer*, *Vierzehner* und mehr, dazu auch wieder die Kennzeichnung als *gerade* oder *ungerade*. Am unteren Ende der Stange befindet sich die *Augsprosse*, in der Mitte die *Mittelsprosse*. Zwischen den beiden Sprossen liegt die *Eissprosse*, die nicht immer vorhanden sein muss. Ab drei Enden oberhalb der Mittelsprosse spricht man dann von *Kronenhirschen*. Fehlt am Geweih mit drei Enden in der Krone die Eissprosse, so ist es ein *Kronenzehner*. Manchmal entsteht zwischen der Mittelsprosse und dem Beginn der Krone noch ein Ende, das man als *Wolfssprosse* bezeichnet. In Ausnahmefällen fehlen unter Umständen auch einmal an einer oder an beiden Stangen Augsprosse oder auch Mittelsprosse.

Der Schwerpunkt des Abschusses bei den Hirschen liegt in der Jugendklasse (Hirschkälber und Hirsche vom 1. bis 4. Kopf), da in diesen Altersklassen das Ansprechen am einfachsten ist. Der Wahlabschuss ist unmittelbar nach Aufgang der Jagd auf das Rotwild zu beginnen. Dabei werden zwangsläufig beim 1. Kopf auch Spießer gestreckt, die noch nicht gefegt haben. Man muss sich dabei von örtlichen Erfahrungswerten der Spießlänge leiten lassen. Es sind besonders solche Stücke zu erlegen, deren Spießlänge noch nicht die Länge der Lauscher erreicht hat.

Bei fertig verfegten Spießern gilt die in den Abschussrichtlinien festgelegte Mindestspießlänge als Abschusskriterium. Bei starkem Abschuss in der Jugendklasse verbleiben in den folgenden Altersklassen nur noch solche Hirsche abschussnotwendig, die als *Hegerückstände* bezeichnet werden müssen. Hierbei ist neben der Körperstärke und der Konstitution auch die Trophäenqualität als Ansprechmerkmal und Bewertungsmaßstab heranzuziehen.

Neben der Körperstärke erfolgt bei den Hirschen auch die Beurteilung der Trophäenstärke als Maßstab für die Abschussnotwendigkeit. Alle unter dem Durchschnitt ihrer Altersklasse bleibenden Stücke sind zu strecken. Erst an zweiter Stelle erfolgt die Beurteilung der Trophäenqualität nach Stangenlänge, Stangenstärke, Endenfreudigkeit und Form.

Durch einen hohen Abschuss in der Jugendklasse – verbunden mit hohen Qualitätsforderungen an die im Bestand verbleibenden Hirsche – wird garantiert, dass wenige, aber gut veranlagte Hirsche das Zielalter erreichen und als Erntehirsche gestreckt werden können. Ein gezielter Wahlabschuss bei den Hirschen garantiert gut veranlagte, körper- und trophäenstarke Bestände. Voraussetzung dafür ist, Hirsche alt werden zu lassen und für gut veranlagte Hirsche das Reifealter festzulegen.

Abnorme Geweihbildung

Die Rothirschgeweihe können sich infolge mechanischer Einwirkungen oder auch durch vererbungsbedingte Störungen abnorm entwickeln.

Die Einordnung der abnormen Geweihe erfolgt in zwei Kategorien. Es sind dies die vorübergehenden Missbildungen, die sich gewöhnlich nach einem Jahr wieder verlieren, und die ab dem zweiten Jahr immer wiederkehrenden erblich bedingten Missbildungen. Immer wiederkehrende Entwicklungen sind sogenannte Abnormitäten. Nicht jede erbliche Abnormität ist jedoch ein Abschussgrund, sondern muss im Einzelfall sorgfältig angesprochen werden, um die richtige Entscheidung treffen zu können.

Die Geweihmasse ist in der Kolbenzeit weich und empfindlich, aber auch das entwickelte vereckte Geweih kann verletzt werden und brechen. Es kann aber auch am Wildkörper des Rothirsches eine Verletzung vorliegen, die dann zu Missbildungen des Geweihes führt.

Missbildungen durch mechanische Verletzungen

Nach Häufigkeit des Vorkommens sind folgende mechanischen Verletzungen zu nennen:

- Geweihverletzungen
- Geweihbrüche
- Körperverletzungen
- Laufverletzungen
- Augenverletzungen
- Verletzungen der Geschlechtsorgane
- Wucherungen

- Spaltung der Rosenstöcke
- Spaltung der Stangen
- Spaltung der Sprosse
- Einstangengeweihe
- Pendelstangen
- Gummigeweihe
- Trockenbastgeweihe
- Ledergeweihe
- Doppelkopfgeweihe
- Frostgeweihe

Missbildungen, erbbedingt und immer wiederkehrend

Zu den erbbedingten und immer wiederkehrenden Missbildungen gehören:

- enge Stellung der Stangen
- Knopfspießer
- Tonnengeweihe
- Widdergeweihe
- widersinnige Geweihe

Erkennbare Geweihmängel

Das sind Rothirschgeweihe mit fehlenden Rosenstöcken, Stangen, Augsprossen, Eissprossen und Mittelsprossen oder Kronen. Auch Geweihe der seltenen Gabler, der ewigen Sechser und Achter als auch der ewigen Zehner sind Mängel.

Häufige Geweihmängel sind weiterhin:

- kurze Stangen mit kurzen Enden
- asymmetrische Geweihe

- dünne Stangen
- zu tief oder zu hoch angesetzte Sprossen
- abhängende Sprossen
- Wolfssprossen
- morsche Enden
- doppelte Aug-, Eis- oder Mittelsprossen
- gegabelte Aug-, Eis- oder Mittelsprossen

Wahlabschuss des weiblichen Rotwildes

Das weibliche Rotwild einschließlich der Kälber wird einfach als *Rotwild* oder *Rotkahlwild* bezeichnet. Die ab Mitte Mai bis in die erste Juliwoche hinein gesetzten Jungen heißen Kälber. Kälber werden weiter unterteilt in das männliche *Hirschkalb* und das weibliche *Wildkalb*.

Das Umsetzen in die nächsthöhere Altersklasse erfolgt auch hier am 1.4. eines jeden Jahres. Das Wildkalb wird dann zum *Schmaltier*. Hat das Schmaltier das erste Mal gesetzt, so ist es ein *Alttier*. Man unterscheidet das *junge*, *mittelalte*, *alte* und *überalterte Tier*. Setzt ein Stück infolge des vorgerückten Alters nicht mehr, so ist es ein *Gelttier*.

Wie beim männlichen Rotwild ist der Wahlabschuss durchzusetzen. Der Abschuss der Kälber hat schwerpunktmäßig ab September vor allem aus dem Rudel zu erfolgen. Dabei ist als Maßstab die Körperstärke des Kalbes und des Muttertieres zu beachten. Einzeln gehende starke Tiere mit Kalb sind zu schonen.

Eine Auflösung der großen Rudelverbände durch Familienabschuss – geringes Kalb, geringes Tier – beugt einer Konzentration und damit Schäl- und Verbissschäden vor. Notwendig ist auch der Abschuss überalterter Tiere. Dabei sind die bekannten Merkmale, wie Hänge-„Knie", Senkrücken, Hängebauch und trocken wirkendes Haupt, als Ansprechkriterien heranzuziehen.

Der Abschuss von Schmaltieren ist dagegen mit äußerster Vorsicht vorzunehmen. Es sind nur solche Stücke zu strecken, die weit unter den Durchschnitt ihrer Altersklasse liegen, das sind z. B. Stücke, die als Kalb bereits das Muttertier verloren haben.

Bei richtig durchgeführtem Wahlabschuss verbleibt nur das Kahlwild im Bestand, das in Konstitution und Körperstärke einen gesunden, kräftigen Nachwuchs sichert.

Güteklasseneinteilung beim männlichen Rotwild

Für das Ansprechen der Hirsche nach ihrer Trophäe und die Durchführung eines gezielten Wahlabschusses ist die Kenntnis von Güteklassen notwendig. Sie sind Voraussetzung für die richtige Einordnung nach Qualitätsmerkmalen und geben uns eine Grundlage für eine zielgerichtete Bewirtschaftung des männlichen Rotwildes.

Eine Güteklasseneinteilung muss dem praktischen Jagdbetrieb sehr nahe kommen. Sie muss daher so einfach wie möglich sein und dem Zweck einer Klassifizierung entsprechen. Sie muss das Ansprechen erleichtern und den Wahlabschuss maßgeblich unterstützen.

Kriterien für eine Einstufung in Güteklassen wurden durch WAGENKNECHT (1968, 2000) formuliert, die sich auch jahrzehntelang in der Praxis bewährt haben. Sie haben maßgebend zur Qualitätssicherung der Rotwildbestände in den neuen Bundesländern beigetragen und sind auch in der Praxis leicht und aussagefähig umzusetzen.

In einigen Bundesländern ist geplant die Einteilung nach Güteklassen abzuschaffen, bzw. ist es bereits erfolgt. Die Autoren haben sich in ihren Büchern nach den grundsätzlichen Ausführungen des Mentors der deutschen Jagdwirtschaft, Prof. Dr. Egon Wagenknecht, gerichtet. Wir empfehlen deshalb in den folgenden Seiten für die Güteklasse IIa – schonen, IIb u. IIc – abschussnotwendig und für die Klasse Ia/Ib den Begriff „Erntehirsch, reif" gedanklich einzusetzen, um diesen Bundesländern gerecht zu werden.

Jagdbare, reife Hirsche – Klasse I

Klasse Ia

Klasse Ia sind jagdbare, reife Hirsche, die dem Ziel der Bewirtschaftung entsprechen, mit einer gebietstypisch unterschiedlichen Geweihmasse von 4,5 kg und mehr und einem Mindestalter von 12 Jahren. Als Mindestmasse der Trophäe sind 75 % der Geweihmasse zu fordern, die der reife Hirsch im betreffenden Einstandsgebiet im Durchschnitt erreicht. Hervorragend veranlagte Hirsche, die mit 12 Jahren augenscheinlich noch nicht das Maximum der Geweihentwicklung erreicht haben, sollten über das Zielalter von 12 Jahren hinaus im Bestand verbleiben und erst dann geerntet werden. Das Mindestalter kann unter bestimmten Voraussetzungen niedriger angesetzt werden, aber niemals unter 10 Jahren.

Klasse Ib

Klasse Ib sind starke Abschusshirsche mit einer gebietstypisch unterschiedlichen Geweihmasse von 4,5 kg oder mehr ohne Festlegung des Alters mit starken Formfehlern. Starke Formfehler sind einseitige Kronenbildung, fehlende Aug- oder Mittelsprosse, deformierte Stangen. Diese Hirsche entsprechen nicht dem Bewirtschaftungsziel und sind im Interesse der qualitativen Verbesserung des Bestandes zu erlegen. Geringe Formfehler rechtfertigen nicht die Einstufung in die Klasse Ib. Bei entsprechendem Wahlabschuss in der Jugendklasse und der mittelalten Klasse werden Hirsche der Klasse Ib selten vorkommen.

Geringe Hirsche – Klasse II

Klasse IIa

Klasse IIa sind Zukunftshirsche, d. h. fehlerfreie, nicht jagdbare Hirsche, die in der Körper- und Geweihentwicklung der Normalleistung ihrer Altersklasse entsprechen, aber noch nicht ausgereift sind und das Mindestalter des jagdbaren Ia-Hirsches (= 12 Jahre) noch nicht erreicht haben.

Klasse IIb

Klasse IIb sind Abschusshirsche, die in der Körper- und Geweihentwicklung der Normalleistung ihrer jeweiligen Altersklasse nicht entsprechen und deshalb im Interesse der Qualitätsverbesserung erlegt werden müssen. Das sind alle Stücke über die Jugendklasse hinaus,

- die Geweihformfehler haben,
- kranke Stücke sowie
- Stücke, bei denen schon zu erkennen ist, dass sie die festgelegte Mindestgeweihmasse der Klasse I nicht erreichen.

Klasse IIc

Klasse IIc sind geringe, abschussnotwendige Hirsche, die in der Körper- und Geweihentwicklung weit unter der Normalleistung ihrer Altersklasse stehen und weniger als 50 % der Geweihmasse der Klasse I erreichen. Hierunter fallen Hirsche vom 1. bis 4. Kopf. Das sind

- alle Spießer vom 1. Kopf mit geringen Spießen, die die festgelegten Spießlängen nicht erreichen werden,
- alle sehr seltenen mehrjährigen Spießer,
- Augsprossengabler,
- Sechser,
- schwache Achter,
- ungerade Achter,
- Plattköpfe sowie
- kranke Hirsche mit einem geringen Geweih.

Ansprechen des männlichen Rotwildes

Ansprechen nach Geweihformen

Alle Rothirschgeweihe lassen sich nach dem Wuchs der Stangen in zwei Grundformen gliedern, in die *runden Formen* und die *geradstangigen Formen.* Die Auslage des Geweihs führt zur Bildung der jeweiligen Varianten, der engen, „fast“ geschlossenen runden Formen, der herzförmigen runden Form als Idealform, der engstehenden geraden Form, der weitstehenden geraden Form und der weit ausgelegten geraden Form.

Diese Formen können in den Rotwildeinstandsgebieten auftreten, meist sind sie aber als Übergangsformen vorhanden. Als Bewertungsmaßstab der Trophäenqualität sind die Geweihformen nicht heranzuziehen, sie dienen aber als kennzeichnendes Merkmal in Verbindung mit besonderen Formen der Kronen zum Wiedererkennen bestimmter Hirsche. Als wenig erwünscht können die engen Formen bezeichnet werden, da diese Geweihe trotz vorhandener Masse, Endenfreudigkeit und Stangenlänge eine zu geringe Auslage haben.

Runde Geweihformen

– enge, fast geschlossene runde Form

1 >>

– weitstehende, herzförmige runde Form, Idealform

2 >>

– sehr weit ausgelegte runde Form

3 >>

Geradstangige Geweihformen

– engstehende geradstangige Form

4 >>

– weitstehende geradstangige Form

5 >>

– weit ausgelegte geradstangige Form

6 >>

Ansprechen nach Kronenformen

Den weitaus größeren Formenreichtum zeigen die Kronen des Hirschgeweihs. Dabei können Grundvarianten unterschieden werden. Diese weisen jedoch untereinander viele Übergänge auf, so dass es häufig schwer möglich ist, eine Übergangsform präzise einer jeweiligen Grundform zuzuordnen.

Wir unterscheiden:

Einfache Krone, gebildet aus drei Enden

7 >>

Becherkrone, gebildet aus mehreren langen und kurzen Enden, die becherförmig angeordnet sind

8 >>

Schaufelkrone

9 >>

Handkrone, Enden liegen handförmig in einer Ebene

10 >>

Auseinandergezogene bzw. **tief geschlitzte Krone**

11 >>

Doppelkrone bzw. **Doppelstiefelknechtkrone**, bestehend aus zwei übereinandergesetzten Gabeln

12 >>

Bei der Handkrone spielt die Anzahl der überwiegenden Enden die entscheidende Rolle, bei der Schaufelkrone dagegen gibt die überwiegend vorhandene Fläche den Ausschlag. Die Schaufelkrone kann auch mit einer Vielzahl von Enden versehen sein, die im Verhältnis zur Handkrone kurz sein können, bei der Handkrone aber fingerähnlich sind. Die Handkrone muss nicht unbedingt aus fünf Enden bestehen, lediglich die Form der gespreizten Hand ist von Bedeutung.

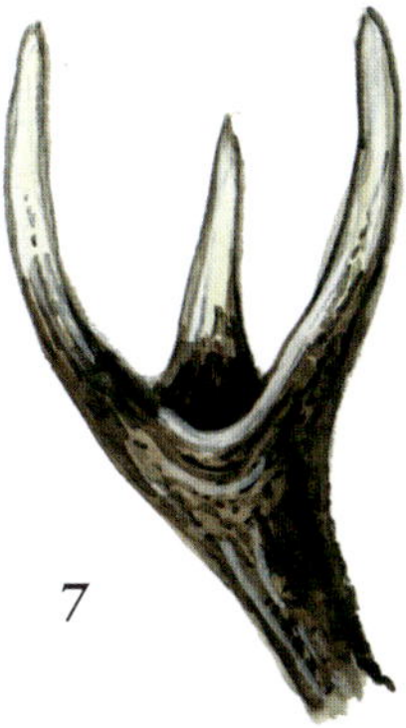

7

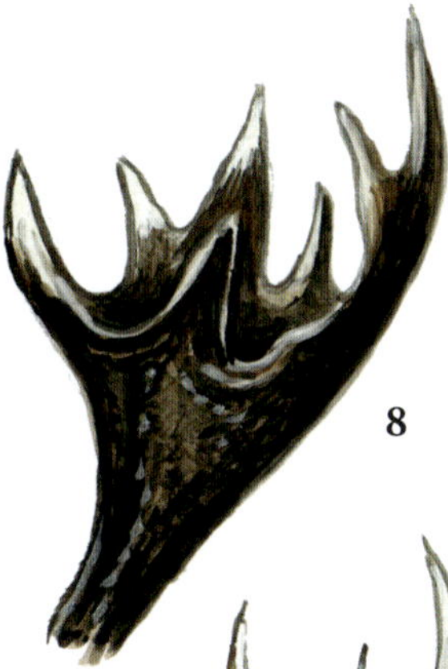

8

9

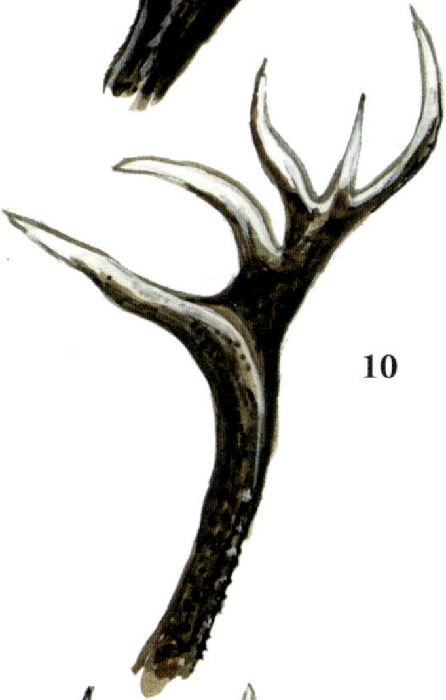

10

11

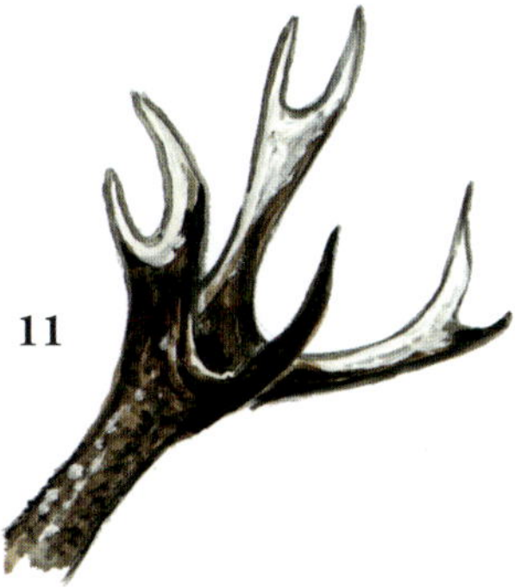

12

Einfache Krone, bestehend aus einer Gabel und einem tiefer angesetzten Kronenende

13 >>

Stufige Krone

14 >>

Verästelte Krone

15 >>

Wolfssprossenkrone, mit einem tief angesetzten, starken Kronenende, der sogenannten Wolfssprosse

16 >>

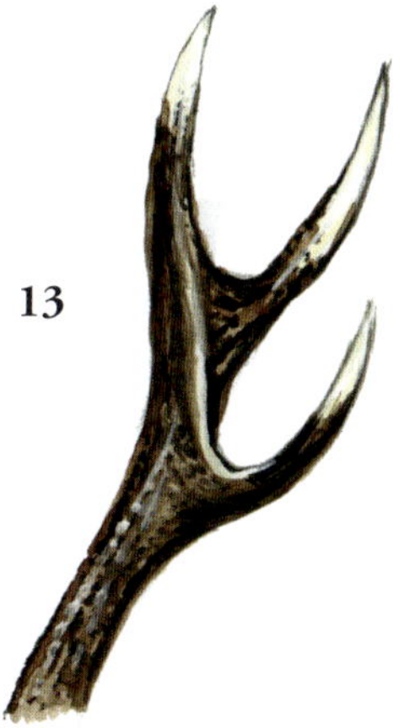

13

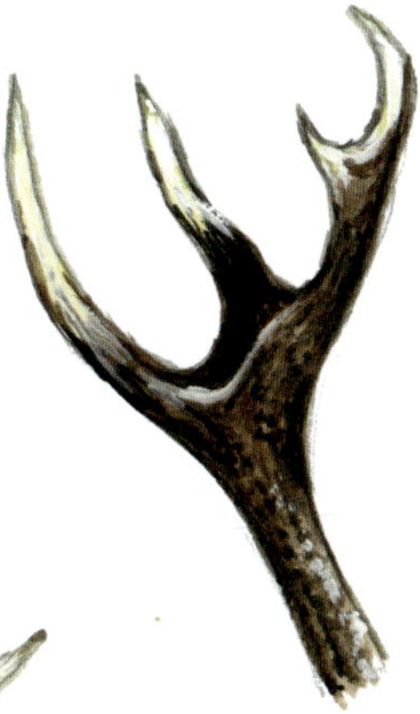

14

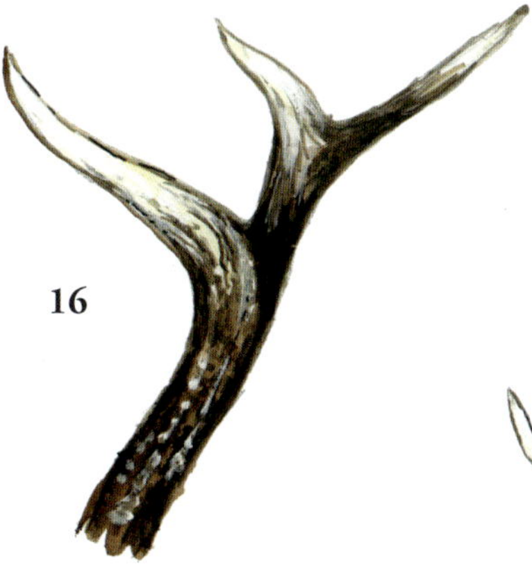

16

15

Entwicklungsreihen

Gut veranlagte Hirsche:

1. Kopf: Einseitiger Gabelspießer, über lauscherhoch, oft stumpfe, abgeplattete, faule Enden – Klasse IIa.

17 >>

2. Kopf: Achtergeweih mit guter, langer Mittelsprosse; linke Stange bereits Krone angedeutet – Klasse IIa.

18 >>

3. Kopf: Bereits zum Kronenhirsch vereckt; lang geschwungene Mittelsprosse; Eissprossen vorhanden; Masse oben – Klasse IIa.

19 >>

4. Kopf: Vierzehnender mit langen Stangen und guter Auslage; Masse oben – Klasse IIa.

20 >>

5. bis 6. Kopf: Vierzehnender; Masse deutlich oben – Klasse IIa.

21 >>

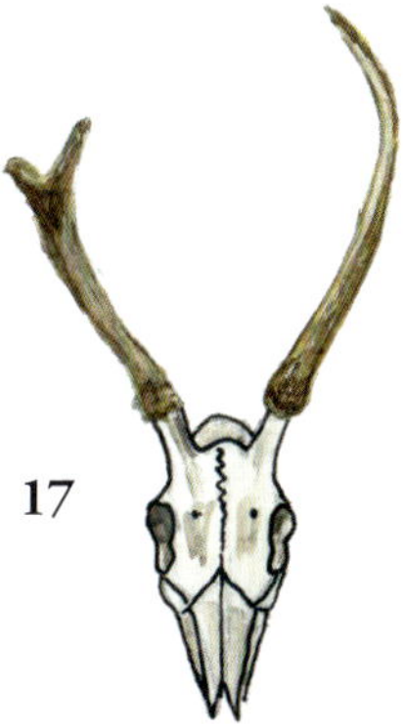

17

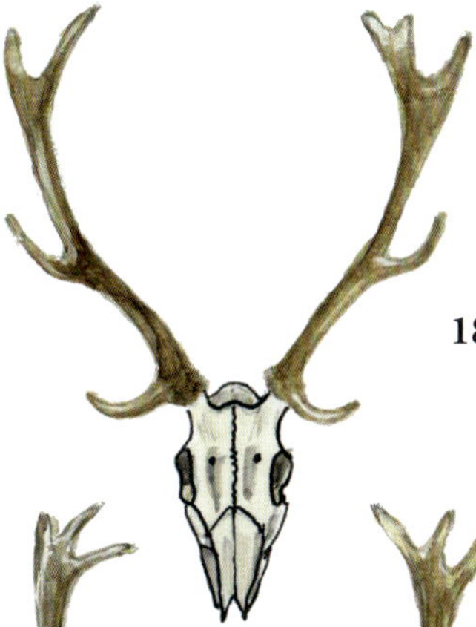

18

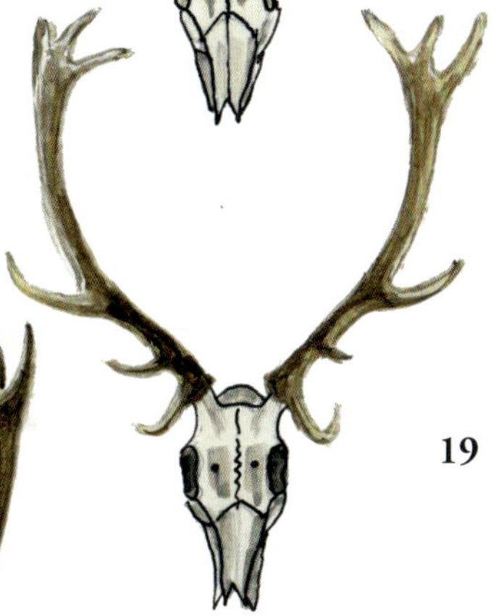

19

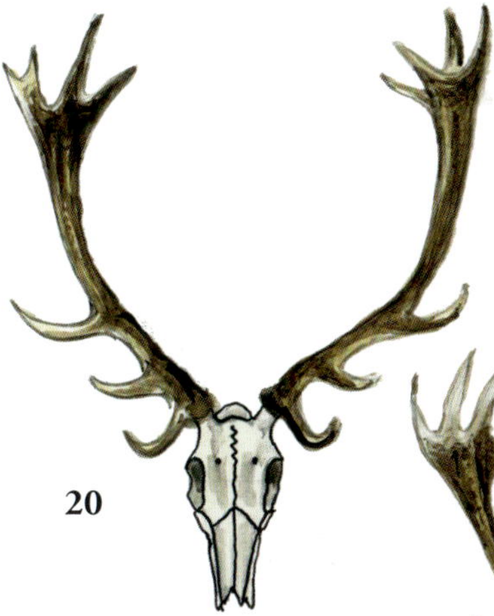

20

21

Gut veranlagte Hirsche:

7. bis 9. Kopf: Achtzehnender; wuchtige Kronen mit langen Enden; sehr gute Auslage; starke Zunahme an Geweihmasse, da der Hirsch in der Körperentwicklung im Alter von etwa sieben Jahren ausgereift ist und die „Überschussproduktion" verstärkt dem Geweih zugeführt wird. – Klasse IIa.

22 >>

10. bis 12. Kopf: Starker ungerader Achtzehnender; Masse deutlich unten; hervorragend ausgebildete Krone. Hirsch hat mit 12 Jahren sein Zielalter erreicht und damit das Maximum seiner Geweihentwicklung. – Klasse Ia.

23 >>

Über 14 Jahre: Ungerader Zwölfender, deutlicher Altersknick über den Bogen; stark zurückgesetzt; viel Masse im unteren Teil der Stangen – Klasse IIb.

24 >>

Alle Geweihe, die ab dem 10. Kopf nicht die geforderte Geweihmasse erreichen, fallen in die Klasse IIb.

22

23

24

Schlecht veranlagte Hirsche:

1. Kopf: Spieße unter Lauscher hoch, spitz, pfriemartig dünn auslaufend – Klasse IIc.

25 >>

2. Kopf: Ungerader Sechser, seitlich gesehen Dreieckform – Klasse IIc.

26 >>

3. Kopf: Achter, keine Veranlagung zur Kronenbildung, Stangen spitz und blank poliert; rechts Eissprossenachter, links Gabelachter – Klasse IIc.

27 >>

4. bis 5. Kopf: Ungerader Zehner, Endgabeln sind Krebsscheren, keine Veranlagung zur Kronenbildung – Klasse IIb.

28 >>

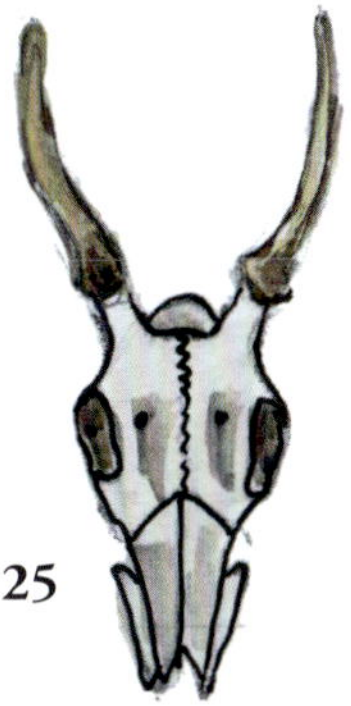

25

26

27

28

Schlecht veranlagte Hirsche:

6. bis 7. Kopf: Ungerader Eissprossenzehner, beiderseits Krebsscheren; keine Kronenbildung – Klasse IIb.

29 >>

8. bis 9. Kopf: Eissprossenzehner; keine weitere Entwicklung; Masse unten, seitlich gesehen Dreieckform – Klasse IIb.

30 >>

10. bis 12. Kopf: Zurückgesetzter Achter – Klasse IIb.

31 >>

Über 14 Jahre: Zeigt rechts noch schwache Gabel, mit verkümmerten Augsprossen – Klasse IIb.

32 >>

29

30

31

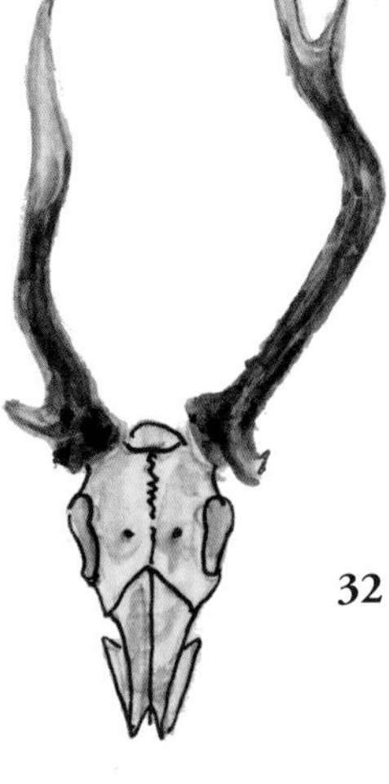

32

Ansprechen nach dem Gesichtsausdruck

Hirschkalb

Haupt im Vergleich zum Wildkalb etwas stumpfer; Trägeransatz ebenfalls etwas stärker; Gesichtsausdruck „hirschähnlicher".

33 >>

Schmalspießer

Haupt von der Seite gesehen schlank und spitz; Gesichtsausdruck lebhaft und neugierig, aber noch kindlich.

34 >>

Hirsch vom 2. Kopf

Jugendlicher Ausdruck verschwunden; Veränderung hin zur zuschauenden Neugier.

35 >>

33

34

35

Junger Hirsch

Haupt schon breiter, aber doch noch schmal wirkend. Gesichtsausdruck jugendlich, noch zuschauend neugierig, aber schon selbstbewusster. Geringer Ansatz zum Doppelkinn.

36 >>

Mittelalter Hirsch

Haupt ist breit; schon ausgebildete Wamme, dadurch stumpfer und dreieckig wirkend. Gesichtsausdruck bewegt, würdevoll-lebhaft.

37 >>

36

37

Alter Hirsch

Haupt ist breit; sehr stark ausgebildete Wamme. Seitlich gesehen ist der Kopf dreieckig, der Gesichtsausdruck ist „bullig“, würdevoll und ernst.

38 >>

Überalterter Hirsch

Haupt ist breit und stumpf; ausgesprochen starke Wamme; starkes Hervortreten der Jochbögen, tiefe Tränengruben. Kopf wirkt knochig und trocken. Gesichtsausdruck mürrisch und müde.

39 >>

38

39

Abschusstyp – zu schonender Typ

In der Jugendklasse, also bei Hirschen vom 2. bis 5. Kopf, ist die Veranlagung deutlich nach der Form der Stangen ansprechbar. Dabei unterscheiden wir nach dem Geweihaufbau die Dreieckform als Abschusstyp und die Rechteckform als Hegetyp.

Die Dreieckform zeigt stets „unten viel und oben wenig“, das heißt, die Hirsche haben keine Veranlagung zur Kronenbildung und charakterisieren so die Abschussnotwendigkeit.

Bei gut veranlagten Hirschen hingegen wird durch die Augsprosse sowie durch eine gedachte Linie vom Ende der Augsprosse zum innen liegenden Kronenende sowie durch die Verbindungslinie zwischen den Kronenenden und durch die Stange ein deutlich erkennbares Rechteck gebildet.

Hirsche mit dem Geweihaufbau in Dreieckform sind in jeder Altersklasse zu erlegen, solche mit dem Geweihaufbau in Rechteckform sind zu schonen. Sie müssen aber ab dem 3. Kopf beidseitig eine Kronenentwicklung zeigen und ab dem 4. Kopf beidseitig eine Krone haben.

Ansprechen der Dreieck-Form – Abschusstyp

Hirsch vom 4. Kopf; Achter mit dünnen Stangen, langer Augsprosse, kurzer Mittelsprosse und gewelltem Stangenende. Eine gedachte Linie von der Spitze der Augsprosse zum Stangenende bildet einen Schenkel des Dreiecks, während die Stange selbst und die Augsprosse die beiden anderen Schenkel bilden.

40 >>

Ansprechen der Rechteckform – Schonen!

Hirsch vom 5. Kopf; Zwölfender mit langen Enden. Eine gedachte Linie, die die Spitzen der Kronenenden berührt, und die Augsprosse bilden die Schmalseiten des Rechtecks. Die Stange selbst und die Verbindung von der Spitze der Augsprosse zum Kronenende bilden die langen Seiten des Rechtecks.

41 >>

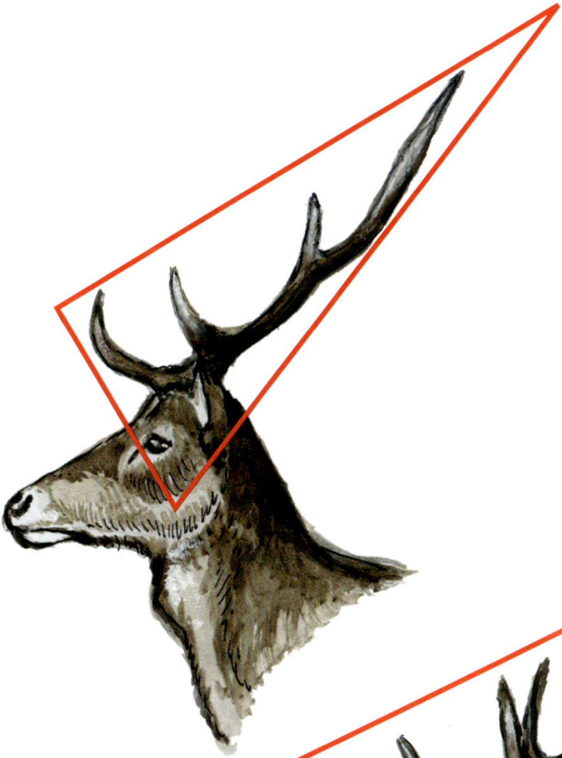

Ansprechen nach Körperstärke und Form

Altersmerkmale des Hirsches

	Haupt	Träger	Haltung von Haupt &Träger	Rückenlinie
1-jährig	von vorn schmal, seitlich keilförmig spitz	sehr schlank	sehr stark gewinkelt, steil aufrecht getragen	gerade, deutlicher Sattel zwischen Träger und Rücken
2-jährig	von vorn schmal, seitlich keilförmig spitz	sehr schlank, mit schwacher Brunftmähne	gerade, zwischen Träger und Rückenlinie deutlicher Absatz	gerade, deutlicher Absatz zwischen Trägeransatz und Rückenlinie
Junger Hirsch, 3- bis 4-jährig	etwas spitzer	noch schlank, schon stärkere Brunftmähne	aufrecht getragen, stark gewinkelt	gerade, Sattel noch stark
Mittelalter Hirsch, 5- bis 7-jährig	breiter, beginnende Wamme an der Kehle	stärker, durch gute Brunftmähne etwas breiter wirkend	nicht mehr so steil aufrecht getragen, beim ruhigen Ziehen Haupt über der Rückenlinie	Widerrist, Sattel noch deutlich vorhanden
Mittelalter Hirsch, 8- bis 10-jährig	breit, Wamme vorhanden, Haupt wirkt stumpf, dreieckig und kürzer	stark, breit und gedrungen, wirkt vor allem durch starke Mähne kürzer	beim ruhigen Ziehen Haupt in Höhe der Rückenlinie	Widerrist tritt stärker hervor, Sattel verschwindet
Alter, reifer Hirsch, über 10- bis 14-jährig	stumpf, dreieckig, bullig und kurz, sehr starke Wamme	sehr stark und breit, wirkt bei starker Mähne kurz und gedrungen	Haupt und Träger beim Ziehen fast waagerecht, Haupt bewegt sich nickend	starker Widerrist, massiger Träger geht ohne Ansatz in Körper über
Überalterter Hirsch, über 14-jährig	grau, hebt sich hell vom Körper ab, müder Gesichtsausdruck, hängende Lauscher	breit, kurz, aber mager	beim Ziehen unterhalb der Rückenlinie, müde Bewegungen	Senkrücken

Figur	Verhalten	Zeitpunkt des Abwerfens	Zeitpunkt des Fegens	Rosenstöcke
gering im Wildbret, schlank, hochläufig	kindlich, starke Mutter-Kind-Beziehung	Mai	September	lang, über Schädeldecke ragend
im Wildbret stärker	zuschauend, neugierig	April	Anfang August	lang, über Schädeldecke ragend
im Wildbret noch stärker	zuschauend, neugierig	Ende März/Anfang April	Ende Juli	kürzer, aber deutlich sichtbar
Masse nimmt zu, verlagert sich nach vorn, Vorschlag bildet sich	bewegt, lebhaft	Mitte März	Mitte bis Ende Juli	kürzer
wird breit, kräftiger Vorschlag, Masse auf den Vorderläufen, im Feiste dickbauchig	bewegt, lebhaft bis würdig	Anfang bis Mitte März	Mitte Juli	
steht breit auf den Läufen, sehr starker Vorschlag, schwer und massig, vorn bullig und hinten abfallend, wirkt kurzläufig	ruhig, gemessen und würdig	Ende Februar	Anfang Juli	sehr kurz, Geweih steht unmittelbar auf Schädeldecke
Hängebauch und Hänge-„Knie“, wirkt insgesamt knochig	müde und zurückgezogen	Mitte Februar	Anfang Juli	sehr kurz

Ansprechen nach Habitus und Geweih

Altersklasse 0 – Hirschkalb

Der Unterschied zwischen Hirsch- und Wildkalb ist nicht eindeutig. Vom Haarkranz auf der Stirn bei älteren Kälbern sieht man meistens sehr wenig. Manchmal hat das Hirschkalb allerdings eine dunklere Färbung und auch dunklere Bauchseiten als das Wildkalb.

Hauptmerkmale sind:
- im gesamten Ausdruck und Benehmen hirschähnlicher;
- bei stärkerem Trägeransatz etwas stumpferes Haupt;
- gut veranlagte, starke Hirschkälber zeigen im Winter, besonders in der Region des Drosselknopfes, oft schon einen Ansatz zur Mähnenbildung;
- sicherstes Merkmal ist das Nässen, während das Wildkalb die Hinterläufe etwas spreizt und leichte Hockstellung einnimmt, nässt das Hirschkalb in den Tritt.

42 >>

Altersklasse 1 – *Jugendklasse* – Schmalspießer

Haupt:	Wirkt von der Seite spitz, lang gestreckt und von vorn schmal.
Träger:	Ist sehr schlank. Die Haltung von Haupt und Träger ist stark gewinkelt, der Träger wird steil hoch getragen.
Figur:	Im Wildbret gering und sehr schlank. Rumpf verjüngt sich nach hinten. Körpermasse liegt gleichmäßig auf den Vorder- und Hinterläufen. Wirkt sehr hochläufig.
Verhalten:	Sehr jugendlich und neugierig. Mutter-Kind-Beziehung noch stark ausgeprägt. Steht bis zum Beginn der Brunft, teilweise auch in der Brunft, beim Alttier.
Verfärben:	Mai und September bis Oktober.
Abwerfen:	April bis Mai.
Fegen:	Ende September.

43 >>

Merke: Bis 5-jährige Hirsche werden in die *Jugendklasse* eingegliedert.

Altersklasse 1 – *Jugendklasse* – Spießer

Kronenspießer. Starkstangig, jedoch kurze Stangen, hervorragende Veranlagung – Klasse IIa.

44 >>

Schmalspießer. Doppelt lauscherhohe Spieße, über den Rosenstock schon starker Stangenansatz – Klasse IIa.

45 >>

Schmalspießer. Etwa 60 cm lange Spieße, über den Rosenstock schon starker Stangenansatz – Klasse IIa.

46 >>

Schmalspießer. Starke, dunkle, etwa lauscherhohe Stangen mit faulen Endenspitzen; unter Umständen kann er auch als IIc eingestuft und somit erlegt werden.

47 >>

Merke: Schmalspießer der Altersklasse 1 sind zu schonen, wenn sie diese und ähnliche Geweihbildungen zeigen. Besondere Kennzeichen guter Veranlagung sind stumpfe Enden, Kronenbildung oder Gabelbildung, dunkle Stangen und gute Auslage.

44

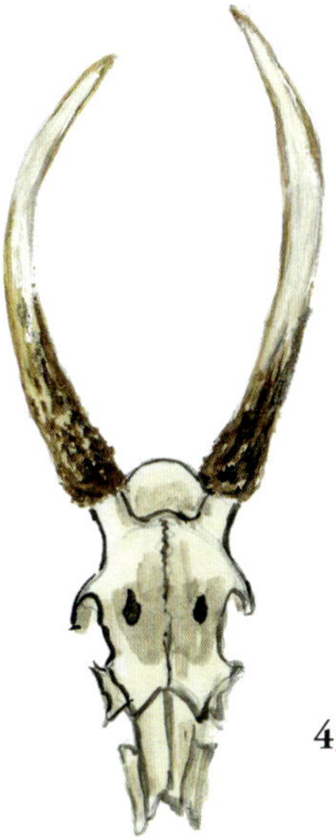

45

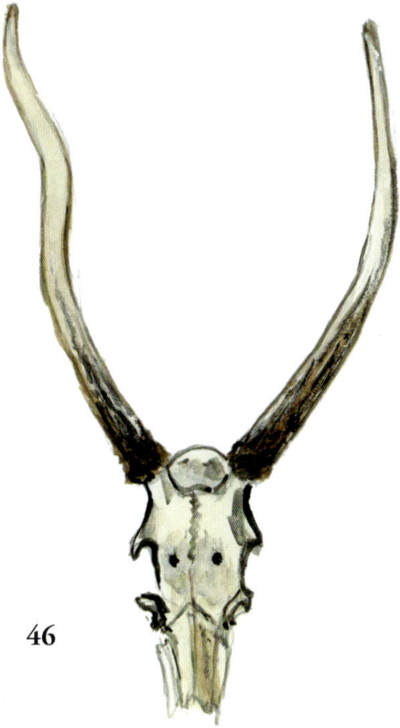

46

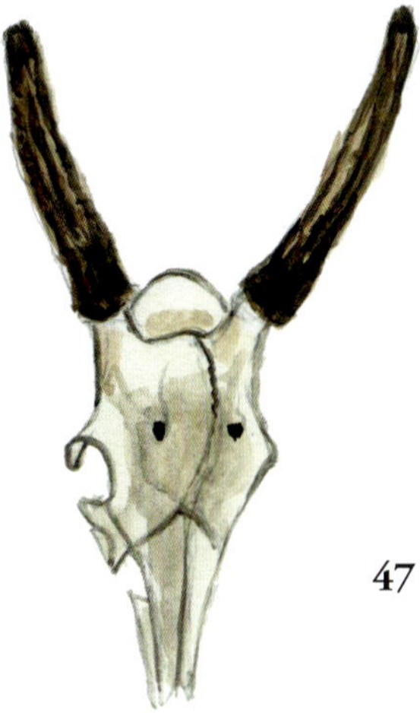

47

Altersklasse 1 – *Jugendklasse* – Abschusstypen

Schmalspießer. Lauscherhohe, dünnstangige Spieße – Klasse IIc.

48 >>

Schmalspießer. Sehr kurzstangige Spieße – Klasse IIc.

49 >>

Schmalspießer. Ungleich lange, dünnstangige Spieße – Klasse IIc.

50 >>

Schmalspießer. Sehr kurzstangig, fast knopfartige Spieße – Klasse IIc.

51 >>

Schmalspießer. Kurzstangig, dünn, pfriemartig – Klase IIc.

52 >>

Merke: Schmalspießer der Altersklasse 1, die diese und ähnliche Geweihbildungen zeigen, müssen unbedingt erlegt werden. Vom Hirsch des 1. Kopfes (Schmalspießer) muss als Mindestforderung verlangt werden:

- bei stumpfen Stangenenden mindestens lauscherhohe Spieße, etwa 20 cm;
- bei spitzen Stangenenden mindestens anderthalb lauscherhohe Spieße, etwa 28 bis 30 cm.

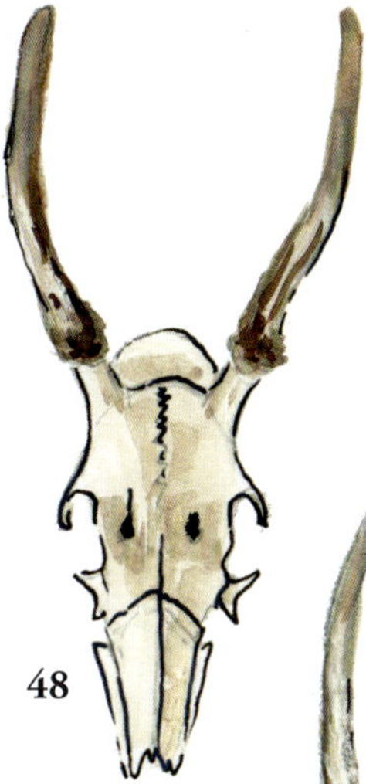

48

49

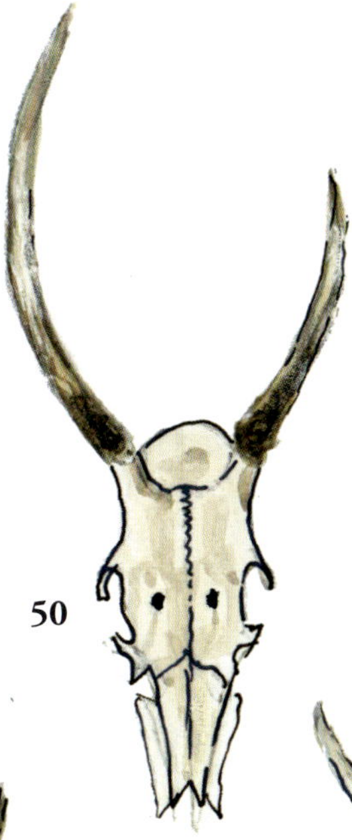

50

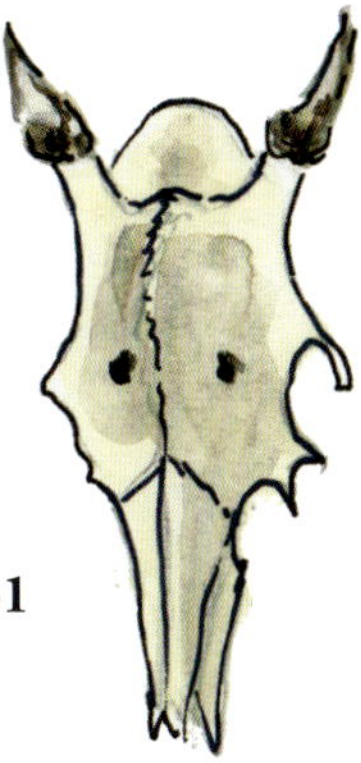

51

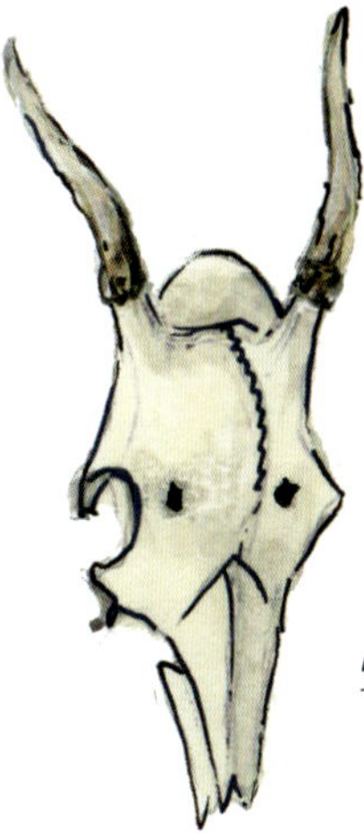

52

Altersklase 2 – *Jugendklasse* – 2-jährig

Haupt: Wirkt von der Seite noch spitz, lang gestreckt und von vorn schmal.

Träger: Noch sehr schlank. Schwache Brunftmähne deutlich vorhanden; Haltung von Haupt und Träger stark gewinkelt; Träger wird steil hoch getragen.

Figur: Im Wildbret bedeutend stärker. Rumpf verjüngt sich etwas nach hinten, Körpermasse liegt noch gleichmäßig auf Vorder- und Hinterläufen; steht noch „hoch auf den Läufen".

Rückenlinie: Gerade, deutliche Einsattlung zwischen Rücken und Trägeransatz noch vorhanden.

Verhalten: Noch keine aktive Beteiligung an der Brunft, da der Hirsch vom Platzhirsch beim Rudel nicht geduldet wird. Ist zur Feiste im Feisthirschrudel der Junghirsche zu finden.

Verfärben: Mai und September bis Oktober.

Abwerfen: April.

Fegen: Anfang August.

53 >>

Merke: Bis 5-jährige Hirsche werden in die Jugendklasse eingegliedert.

Altersklasse 2 – *Jugendklasse* – 2-jährig

Achter. Gute Veranlagung, lange Enden und gute Stangenendgabel – Klasse IIa.

54 >>

Kronenzehner. Sehr gut veranlagter Hirsch, „faule“ Enden und langer Mittelspross – Klasse IIa.

55 >>

Zwölfer. Ungerader Zwölfer, langstangig mit runden, stumpfen Kronenenden – Klasse IIa.

56 >>

Merke: Für Hirsche vom 2. Kopf wird mindestens ein Achtergeweih mit langen Mittelsprossen gefordert. Von der Seite gesehen ergibt die Stange die gedachte Linie eines lang gezogenen Rechtecks.

54

55

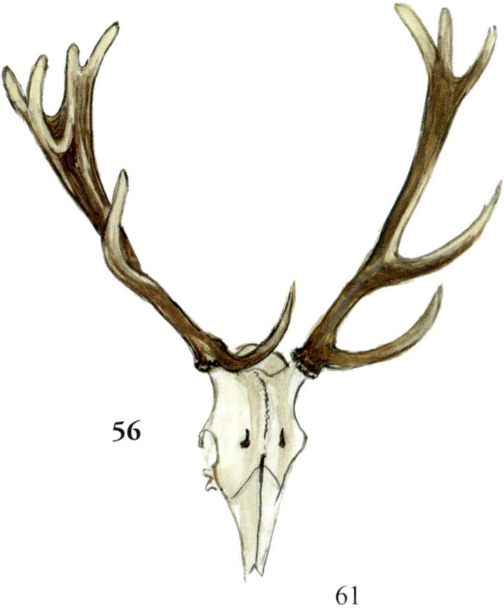

56

Altersklasse 2 – *Jugendklasse* – 2-jährig

Eissprossenachter. Keine Veranlagung zur Kronenbildung, Stangen häufig kurz, dünn und farblos – Klasse IIc.

57 >>

Augsprossengabler. Kurze, dünne Stangen; Spitzen der Enden dünn und hell – Klasse IIc.

58 >>

Ungerader Achter. Dünne Stangen, Enden spitz, kurze Mittelsprosse – Klasse IIc.

59 >>

Achter. Kurzstangig, mit schlechter Endenbildung – Klasse IIc.

60 >>

Sechser. Geringe Stangenlänge, hellgelbe, spitze Enden – Klasse IIc.

61 >>

Merke: Zweijährige Hirsche mit diesen und ähnlichen Trophäen sind zu strecken. Stangen meist dünn und spitz. Von der Seite gesehen ergeben Stange, Augsprosse und gedachte Linie von der Augsprossenspitze zum Ende der Stange ein Dreieck.

57

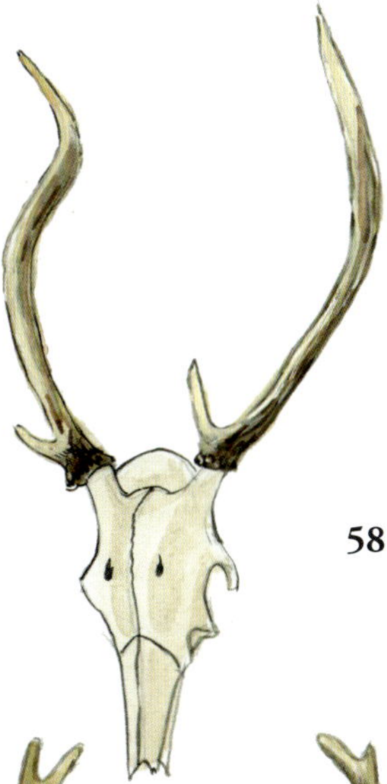

58

59

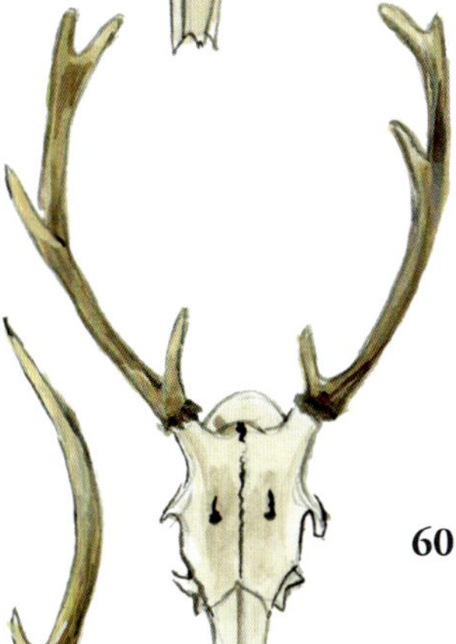

60

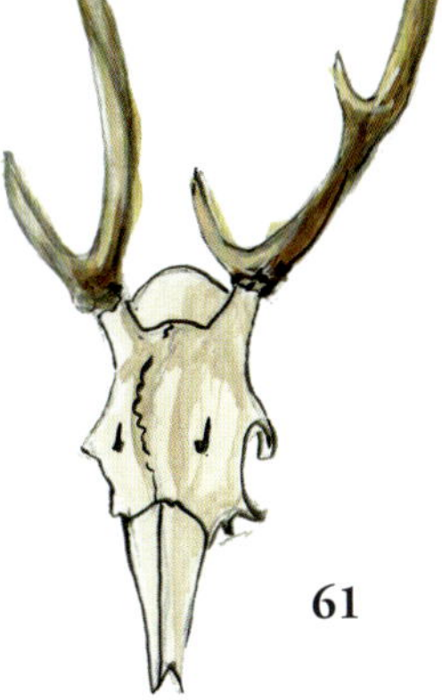

61

Altersklasse 2 – *Jugendklasse* – bis 5-jährig

Haupt:	Etwas breiter, aber immer noch schmal wirkend; seitlich gesehen nicht mehr spitz.
Träger:	Schlank, Haltung von Kopf und Träger ist stark gewinkelt. Er wird steil empor getragen. Brunftmähne vorhanden.
Figur:	Steht noch etwas hoch auf den Läufen; im Wildbret und in der Masse schon ausgeprägter. Masse des Körpers noch annähernd gleichmäßig auf Vorder- und Hinterläufe verteilt.
Rückenlinie:	Gerade; deutlich Sattel zwischen Trägeransatz und Rücken zu erkennen.
Verhalten:	Abwartend, fluchtbereit. Versucht sich schon als Beihirsch an der Brunft aktiv zu beteiligen. Zur Feistzeit befindet er sich im Junghirschrudel.
Verfärben:	Bis Ende Mai sowie Ende September.
Abwerfen:	Anfang April.
Fegen:	Ende Juli.

62 >>

Merke: Bis 5-jährige Hirsche werden in die Jugendklasse eingegliedert.

Altersklasse 2 – *Jugendklasse* – 3- bis 5-jährig

Zwölfender. 4-jährig, mittellange Stangen, gute Endenbildung und fingerlange Kronenenden; seitlich gesehen Rechteckform erkennbar – Klasse IIa.

63 >>

Kronenzehner. 4-jährig, mit langen Stangen, gute Endenbildung und starke Mittelsprosse; Eissprosse nicht vorhanden – Klasse IIa.

64 >>

Ungerader Vierzehnender. 4- bis 5-jährig, mit langen Stangen und guter Enden- und Kronenbildung – Klasse IIa.

65 >>

Merke: Hirsche in der *Jugendklasse* mit solchen Geweihformen sind zu schonen. Das Ansprechen ist gut möglich, seitlich gesehen zeigen die Stangen die Rechteck-Form. Masse deutlich oben; lange Mittelsprossen; häufig „faule“ oder stumpfe Enden.

63

64

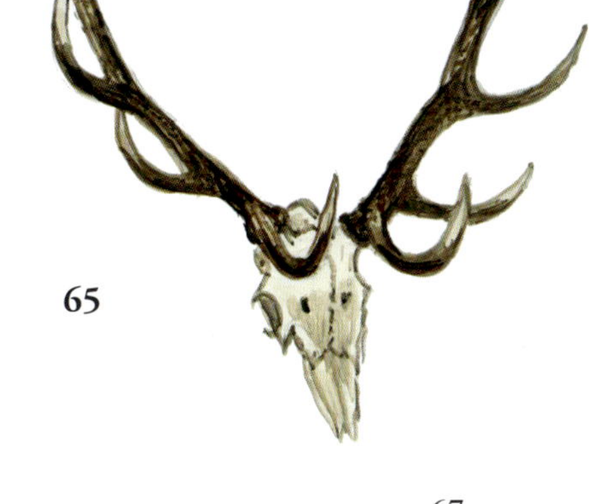

65

Altersklasse 2 – *Jugendklasse* – 3- bis 5-jährig

Ungerader Achter. 5-jährig; als langstangiger „Mördertyp“ anzusprechen, Hegerückstand; Stangenlänge im Durchschnitt 75 cm – Klasse IIb.

66 >>

Spießer. 2- bis 3-jährig; mit 60 cm langen Spießen und deutlich sichtbaren Rosen; mehrjährige Spießer gibt es sehr selten (dieser Spießer wurde1980 im Forstamtsbereich Hangelsberg/Spree erlegt), meist sind es aber besonders langstangige Spießer; Vorsicht beim Ansprechen, Verwechslung mit Jährlingen – Klasse IIc.

67 >>

Achter. 3- bis 4-jährig; mit kurzen, spitzen Enden sowie geringer Stangenmasse – Klasse IIc.

68 >>

Eissprossenzehner. 4- bis 5-jährig; Stangenenden Krebsschere, keine Kronenbildung, Stangenlänge im Durchschnitt 75 cm – Klasse IIb.

69 >>

Merke: Alle Trophäen zeigen, seitlich gesehen, wieder die Dreieckform. Die Stangen sind meist kurz, hell gefegt und laufen spitz zu. Hirsche der Klasse IIc vom 1. bis 3. Kopf müssen den Hauptanteil des jährlichen Hirschabschusses ausmachen.

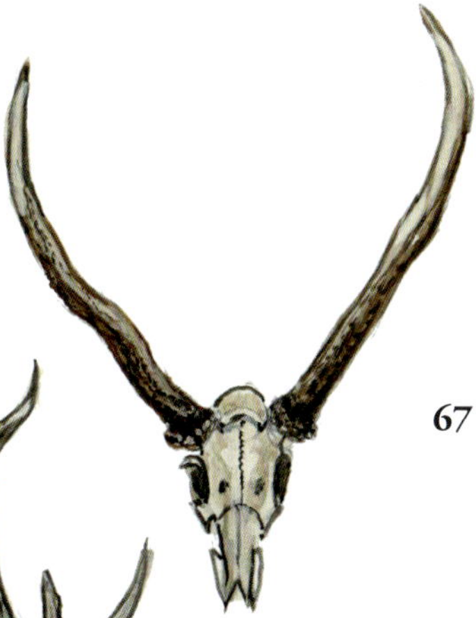

67

66

68

69

Altersklasse 2 – *Jugendklasse* – 3- bis 5-jährig

Zehner. 4- bis 5-jährig; einseitige Kronenbildung – Klasse IIb.

70 >>

Achter. 3- bis 4-jährig; gewellte, dünne und graue Stangen mit schlechter Endenbildung, oben Krebsschere – Klasse IIc.

71 >>

Eissprossenachter. 3- bis 4-jährig; keine Andeutung für eine Krone, dieser Typ ist grundsätzlich in jeder Altersklasse zu erlegen – Klasse IIc.

72 >>

Merke: Hirsche der Altersklasse 2 (*Jugendklasse*) zeigen bei schlechter oder mittelmäßiger Veranlagung keine Krone oder nur eine einseitige Kronenbildung mit kurzen Enden. In dieser Altersklasse können vielgestaltige Geweihformen auftreten, vom Spießer über Achter bis zum einseitigen Kronenhirsch. Mehrjährige Spießer sind jedoch eine Ausnahme. Sie dürfen nicht mit Spießern vom 1. Kopf verwechselt werden. Häufig ist seitlich die Dreieckform erkennbar. Das Ansprechen erfolgt nach Geweihmasse, Geweihform und Kronenbildung.

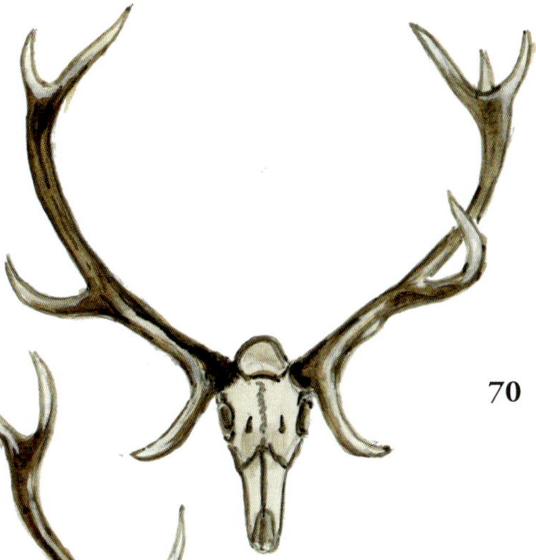

70

71

72

Altersklasse 3 – *Mittelklasse*

Haupt:	Breiter; Wamme schon ausgebildet; Haupt wirkt dadurch kürzer und stumpf, dreieckig.
Träger:	Stark und breit, gut ausgebildete Mähne. Beim Ziehen werden Haupt und Träger fast waagerecht getragen. Haupt oft schon leicht schwankend (Schwere des Geweihs).
Figur:	Hirsch in Körperform ausgereift. Masse des Körpers nach vorn verlagert, liegt mehr auf den Vorderläufen. Massiger Wildkörper. In der Feiste schon Hängebauch.
Rückenlinie:	Widerrist hebt sich deutlich ab. Einsattlung verschwunden.
Verhalten:	In der Feiste behäbig. Steht nicht beim Rudel der Junghirsche, sondern bei den „reifen, alten Herren". Zur Brunft ist dieser Hirsch bei entsprechender Geweih- und Körperstärke schon Platzhirsch. Schreit zu Beginn der Brunft mit mittlerer bis tiefer Stimme, zum Ende der Brunft meist tiefer und rauer.
Verfärben:	Mai bis Juni und September bis Oktober.
Abwerfen:	Anfang März.
Fegen:	Anfang bis Mitte Juli.

73 >>

Merke: 6- bis 9-jährige Hirsche werden in die *Mittelklasse* eingegliedert.

Altersklasse 3 – *Mittelklasse*

Ungerader Sechzehnender. 7-jährig; langstangiger und endenreicher Kronenhirsch mit sehr starken Stangen und schon einer Geweihmasse von 7 kg; damit hat er den festgelegten Grenzwert zur Altersklasse 4 überschritten und bringt die Trophäenwerte für eine Goldmedaille; beste Veranlagung für einen Spitzenhirsch; zu jung erlegt (Land Brandenburg 2002) – Klasse IIa.

74 >>

Ungerader Sechzehnender. 6- bis 7-jährig; mit beidseitigen Becherkronen; lange Stangen mit reichlicher Perlung; Stangenlänge im Durchschnitt 85 cm, Geweihmasse 6,2 kg; Trophäe bringt schon eine Bronzemedaille, zu jung erlegt – Klasse IIa.

75 >>

Altersklasse 3 – *Mittelklasse*

Ungerader Zwölfender. 7- bis 8-jährig; mit langen Stangen und Enden sowie Perlung mit evtl. Wolfssprossen an der linken Stange; Wolfssprossen stammen voraussichtlich aus Vorvererbungen von wapitiartigen Hirschen, die vor sehr langer Zeit bis Westeuropa vorgedrungen waren; Stangenlänge im Durchschnitt 88 cm; Geweihmasse 6,5 kg (Bronzemedaille); zu früh erlegt – Klasse IIa.

76 >>

Ungerader Zwölfender. 9- bis 10-jährig; mit sehr langen Stangen und langen Kronenenden; Stangenlänge im Durchschnitt 92 cm; Geweihmasse 7,2 kg; Übergang zur Klasse Ia; er ist unter 10 Jahre alt – Klasse IIa.

77 >>

Merke: Mittelalte Hirsche reifen körperlich langsam aus, jedoch noch nicht in der Trophäenentwicklung. Die Überproduktion im Stoffwechsel führt zu einem stärkeren Geweih. Das Reifealter einer starken Trophäe liegt im Allgemeinen bei 12 bis 14 Jahren.

Altersklasse 3 – *Mittelklasse* – Abschusstypen

Achter. 8-jährig; mit langen und starken Stangen sowie guter Perlung; durchschnittliche Stangenlänge 79 cm; Geweihmasse 5,4 kg – Klasse IIb.

78 >>

Eissprossenzehner. 7- bis 8-jährig; durchschnittliche Stangenlänge 82 cm; Geweihmasse 5,2 kg – Klasse IIb.

79 >>

Ungerader Vierzehnender. Etwa 9-jährig; mit langen dünnen Stangen und guter Auslage ohne beidseitige Kronen; Leitergeweih; durchschnittliche Stangenlänge 95 cm, Geweihmasse 6,2 kg – Klasse Ib.

80 >>

Merke: Abschusstypen der Altersklasse 3 sind gut anzusprechen. Man erkennt sie an einseitiger Kronenausbildung, am Leitergeweih, als ewige Achter und Eissprossenzehner, an dünnstangigen Geweihen mit wenig Masse sowie schlechter Perlung. Erreichen oder überschreiten sie die in der Hegegemeinschaft festgelegte Geweihmasse der Altersklasse I, so zählen diese Hirsche zur Güteklasse I. Sie bleiben aber trotzdem abschussnotwendig und werden in die Klasse Ib eingestuft.

78

79

80

Altersklasse 4 – *Altersklasse* – Erntehirsche

Haupt: Breit, kurz und bullig; ausgesprochen starke Wamme.

Träger: Sehr stark und wuchtig, aber kurz; starke Mähne; beim Ziehen werden Haupt und Träger waagerecht getragen, Haupt macht nickende und schwankende Bewegungen.

Figur: Massiger Rumpf; breite Brust; quadratisch und bullig im gesamten Körper; Hauptmasse ruht auf den Vorderläufen, die unter der Körpermitte stehen; Körper nach hinten abfallend; Widerrist tritt stark hervor; kurzläufig; charakteristisch ist der Hängebauch.

Rückenlinie: Nach hinten abfallend, unterbrochen durch Widerrist und Kruppe.

Verhalten: Zur Feistzeit behäbig; wenig gesellig, als alter reifer Hirsch meist Einzelgänger; zur Brunft im Vollbesitz seiner Kraft als Platzhirsch mit tiefer Stimme schreiend.

Verfärben: Juni und Oktober.

Abwerfen: Februar.

Fegen: Juli.

81 >>

Merke: Ab dem Alter 10 Jahre wechseln Hirsche in die Altersklasse. Sie werden damit Erntehirsche.

Altersklasse 4 – *Altersklasse* – Klasse Ia

Ungerader Vierunddreißigender. 12-jährig; mit starken Stangen und guter Perlung sowie hervorragender Kronenbildung; Stangenlänge im Durchschnitt 89,5 cm; Geweihmasse 8,4 kg; Endenzahl 33; 222,42 Punkte (Goldmedaille, erlegt in Beeskow, Land Brandenburg) – Klasse Ia.

82 >>

Achtzehnender. 12 bis 13 Jahre; besticht durch Vollstangigkeit; Stangenlänge 1,10 m; lange, starke Enden; Geweihmasse 12 kg; 232,00 Punkte (Goldmedaille, erlegt im Land Mecklenburg-Vorpommern) – Klasse Ia.

83 >>

Altersklasse 4 – *Altersklasse* – starker, reifer Erntehirsch

Ungerader Vierundzwanzigender. 14-jährig; mit starken, langen Stangen und sehr guter Kronenbildung; Stangenlänge im Durchschnitt 94,6 cm; Rosenumfang mit 28,5 und 31,5 cm (hat es bei ähnlich starken Hirschen im Einstandsgebiet noch nicht gegeben); Geweihmasse 9,5 kg; 220,13 Punkte (Goldmedaille).

Er wurde etwa 1988 oder 1989 geboren. Seit 1995 liegen mit Unterbrechungen Stangenabwürfe vor. Mit 5 Jahren hatte er schon nach gefundenen Abwurfstangen die Punktzahl einer Silbermedaille erreicht. Durch dazwischen fehlende Abwürfe war der Übergang zur Goldmedaille nicht feststellbar.

Erlegungsort (am 15.09.2002) war das Einstandsgebiet in dem 1696 der so genannte 66-Ender erlegt wurde. In der Hegegemeinschaft Beeskow wird er unter die Jahrhunderthirsche des Einstandsgebietes eingeordnet.

Erlegt wurden in diesem natürlichen Rotwildeinstandsgebiet:

			Geweihmasse	Punkte
–	1971	Ungerader Vierunddreißigender	8,4 kg	223,43
–	1975	Ungerader Sechzehnender	8,9 kg	213,06
–	1980	Ungerader Achtzehnender	8,8 kg	214,92
–	1984	Zweiundzwanzigender	9,5 kg	222,14
–	1985	Zwanzigender	9,6 kg	220,10
–	1999	Achtzehnender	8,5 kg	223,08
–	2000	Zweiundzwanzigender	8,4 kg	211,08
–	2002	Ungerader Vierundzwanzigender	9,5 kg	220,13

Erstaunlich ist, dass der ungerade Vierunddreißigender im Jahr seiner Erlegung auf der Weltjagdaustellung in Budapest 1971 die endenreichste Rotwildtrophäe der Welt war.

Starker, reifer Erntehirsch vom 15.09.2002

84 >>

Abwurfstangen aus dem Vorjahr

85 >>

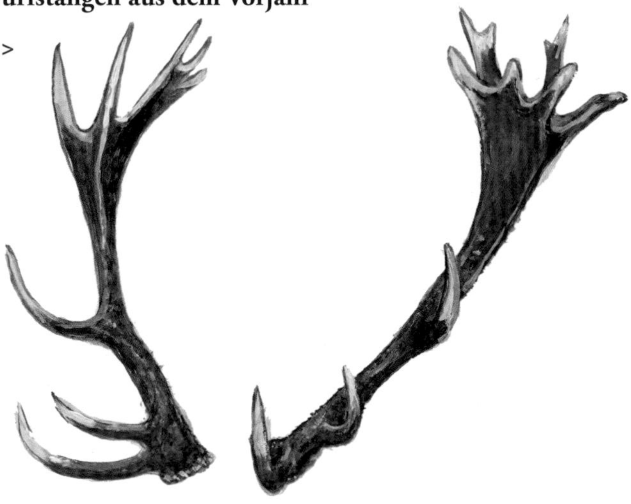

Altersklasse 4 – *Altersklasse*

Ungerader Achtzehnender. 12- bis 13-jährig; sehr eng gestelltes Geweih mit starken, wuchtigen Stangen; Geweihmasse 8,5 kg; 191,5 Punkte (Silbermedaille) – Klasse Ia – (Erlegungsort Kreis Fürstenwalde, Land Brandenburg).

86 >>

Zwanzigender. 13- bis 14-jährig; enorme Vollstangigkeit; lange Stangen mit langen, starken Enden; sehr gute Perlung und Auslage; 227,8 Punkte (Goldmedaille) – Klasse Ia – (Erlegungsort Güstrow Mecklenburg-Vorpommern).

87 >>

Merke: Gute Hirsche müssen immer alt werden. Das Geweihmaximum wird erst mit 12 bis 14 Jahren – aber auch bis 15 Jahre – erreicht. Es ist deshalb falsch, solche „Kapitalhirsche“ schon im Alter von 10 Jahren zu erlegen. Hat der Hirsch eine starke Konstitution, äsungsreiche Einstände und keine Gesundheitsschäden, so wächst auf einem starken Wildkörper auch ein starkes Geweih. Die stärksten erlegten Hirsche bestätigen diese positiven Bedingungen immer wieder. Also: Geduld haben und den ausgewählten Hirsch alt werden lassen!

Altersklasse 4 – *Altersklasse*

Vierzehnender. 16- bis 17-jährig; weit ausgelegtes Geweih mit nicht allzu langen Stangen; durchschnittliche Stangenlänge 98 cm; überdurchschnittliche Perlung, Geweihmasse 6,1 kg; 190,11 Punkte (Silbermedaille) – Klasse Ia.

88 >>

Zwölfender. 12-jährig; ohne geforderte Krone; Leitergeweih erkennbar; Geweihmasse 6,1 kg; 173 Punkte (Bronzemedaille) – Klasse Ib.

89 >>

Merke: Hirsche der Klasse Ia haben das Zielalter erreicht und entsprechen in der Trophäenstärke dem Bewirtschaftungsziel. Hirsche dieser Klasse sollten auf der Höhe ihrer Geweihentwicklung zur Strecke kommen. Damit ein starkes Zurücksetzen vermieden wird, ist eine ständige Kontrolle der Geweihentwicklung anhand von Abwürfen für diese Hirsche – das sind in jedem Einstandsgebiet nur wenige – zu gewährleisten.

Altersklasse 4 – *Altersklasse* – Klasse Ib, IIb

Eissprossenzehner. 11- bis 12-jährig; mit langen Stangen; Geweihmasse 5,7 kg, erreicht nicht die von der Hegegemeinschaft festgelegte Geweihmasse von 6,0 kg zur Klasse I und gehört somit in die Güteklasse IIb; starker Abschusshirsch – Klasse IIb.

90 >>

Achter. 12- bis 17-jährig; ein ewiger Achter mit langen Stangen; Geweihmasse 6,2 kg, erreicht die von der Hegegemeinschaft festgelegte Geweihmasse von 6,0 kg zur Klasse I – Klasse Ib.

91 >>

Merke: Hirsche der Klasse Ib sind meistens ältere Hirsche, die die Zielmasse erreicht haben. Wegen Formfehlern, schlechter sowie einseitiger Kronenbildung und geringer Endenfreudigkeit rechnen sie nicht zur Klasse Ia und müssen daher im Interesse einer Verbesserung der Qualität des Gesamtbestandes im Rahmen des genehmigten Abschussplanes erlegt werden. Die Zielmasse wird je nach den örtlichen Bedingungen bei mittleren Bonitäten auf 4,5 kg und bei guten bis besten Biotopverhältnissen auf 5,0 bzw. 6,5 kg Geweihmasse festgelegt.

Altersklasse 4 – *Altersklasse* – überalterter Hirsch

Haupt:	Grau, hebt sich deutlich vom Körper ab; Ramsnase, Wamme, grobknochig.
Träger:	Kurz, grobknochig, stark bemähnt; Haupt wird beim Ziehen unterhalb der Rückenlinie getragen.
Figur:	Gering im Wildkörper, knochig, nach hinten stark abfallend; Hänge-„Knie“ durch einknickende Gelenke der Vorderläufe; bewegt mühsam seine steifen Läufe; kurz vor der natürlichen Altersgrenze.
Rückenlinie:	Durch Widerrist und knochige Kruppe stark unterbrochen.
Verhalten:	Müde, träge und sehr heimlich.
Verfärben:	Im Herbst bis Ende Oktober; häufig noch im Sommer grau und ruppig in der Decke.
Abwerfen:	Mitte Februar.
Fegen:	Anfang Juli.

92 >>

Altersklasse 4 – *Altersklasse*

Geweihtypen überalterter Hirsche

Äußerst stark zurückgesetzter, überalterter Hirsch. Altersknick kurz vor den Rosen; er stand kurz vor dem natürlichen Verenden und war sehr heimlich; Zähne im Unterkiefer fast ausgefallen; geschätztes Alter 20 Jahre und darüber – Klasse IIb.

93 >>

Stark zurückgesetzter Hirsch mit noch langen, starken Stangen; Altersknick kurz über den Rosen; geschätztes Alter 17 bis 19 Jahre; Geweihmasse 6,2 kg; liegt damit noch in der von der Hegegemeinschaft festgelegten Geweihmassengrenze der Klasse I – Klasse Ib.

94 >>

Merke: Es kommt vor, dass in zusammenhängenden, großen Waldgebieten einige Hirsche alt werden und dann eines natürlichen Todes sterben. Selten werden noch verbleibende Körperteile gefunden. Man muss deshalb erkennen, wann ein Hirsch auf der Höhe seiner Entwicklung ist, um ihn dann als Erntehirsch zu erlegen. Der Kulminationspunkt starker Hirsche liegt bei normalen Umweltbedingungen bei 14 bis 15 Jahren. Trophäen von überalterten Hirschen sind dennoch interessant.

Geweihabnormitäten und ihre Ursachen

Plattkopf oder Mönch – geweihloser Hirsch

Der sogenannte Mönch ist ein geweihloser Hirsch. Die Ursachen hierfür können unterschiedlicher Art sein. Das Haupt entspricht im Aussehen dem eines Tieres, unterscheidet sich aber durch haut- oder bastüberzogene Rosenstöcke oder auch kurze Geweihstummel bzw. Wülste. Die Rosenstöcke können völlig fehlen. Die äußere Erscheinung gleicht der eines geringen Hirsches mit unterschiedlich starker Mähnenbildung am Träger. Da Mönche oder Plattköpfe ihre Geweihlosigkeit, Geweihmissbildung oder Unterentwicklung weitervererben können, sind sie dringend zu erlegen!

95 >>

Perückengeweihe

Das monströse Perückengeweih eines Hirsches vom 3. Kopf ist durch Störungen in der Körperfunktion infolge Verletzung oder Zurückbildung des Kurzwildbrets verursacht worden. Dabei können auch eine bzw. beide Brunftkugeln nach innen verlagert sein (Kryptorchismus), unter Umständen liegt auch eine Schussverletzung vor.

Das Geweih wird nicht abgeworfen, sondern wuchert weiter und besteht aus einer schwammigen, behaarten Masse. Häufig wird die Perücke beim Ziehen durch Dickungen verletzt und bietet dann Schmeißfliegen die Möglichkeit zur Eiablage. Der Abschuss ist deshalb vordringlich.

96 >>

Beginnende Perücke

Der junge Hirsch wurde Ende August erlegt und hatte zu diesem Zeitpunkt noch nicht gefegt. Beim Aufbrechen wurden nur erbsengroße Brunftkugeln gefunden. Der Abschuss war richtig!

97 >>

95

96

97

Widdergeweihe

Die Ursachen der Missbildung dieses mittelalten Hirsches sind nicht bekannt. Vermutlich ist sie durch starken Parasitenbefall bedingt. Da im Einstandsgebiet in den letzten Jahren bereits drei dieser Hirsche, von den Jägern als „Büffel“ bezeichnet, gestreckt wurden, ist zu vermuten, dass diese Deformation erblich bedingt ist – Klasse IIb.

98 >>

Missbildung bei einem mittelalten Hirsch infolge starken Parasitenbefalls (Lungenwürmer) – Klasse IIb.

99 >>

Merke: Hirsche mit derartigen Missbildungen sind unbedingt zu strecken, da starker Parasitenbefall oder auch Schussverletzungen zu geringer Wildbretmasse und zu widersinnigen Geweihen führen.

Geweihdeformationen – Stangenteilung – Mehrstangigkeit

Das Mehrstangengeweih eines 3-jährigen Hirsches entstand durch Gabelung des rechten Rosenstockes – Klasse IIc.

100 >>

Die Geweihabnormität dieses Hirsches vom 4. bis 5. Kopf entstand durch eine tiefe Teilung der linken Stange, wahrscheinlich infolge einer Verletzung zur Kolbenzeit. Hätte die linke Stange eine bessere Form, Krone und Masse, wäre der Abschuss nicht gerechtfertigt, denn mit dem Abwerfen des Geweihs wäre der Fehler beseitigt – Klasse IIb.

101 >>

Zweijähriger Hirsch, Stangenteilung der linken Stange oberhalb der Augsprosse mit gewelltem Wuchs – Klasse IIc.

102 >>

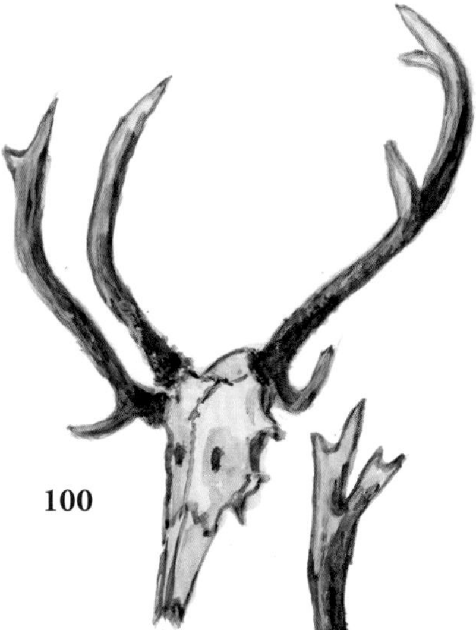

100

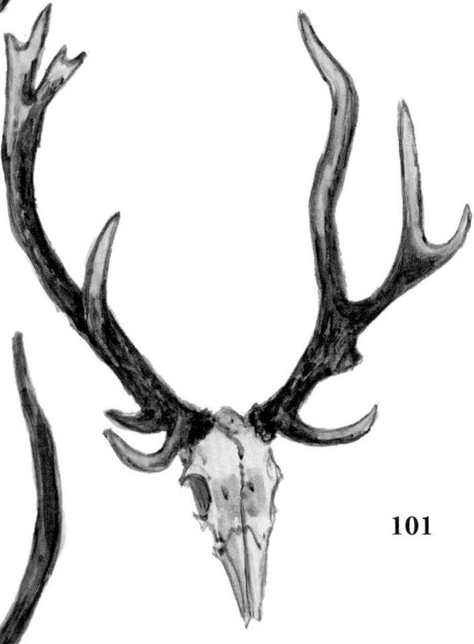

101

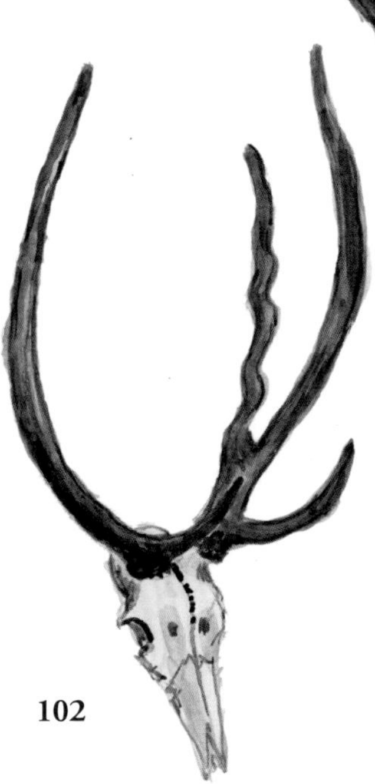

102

Geweihdeformationen infolge Verletzungen

Schmalspießer mit rechtsseitigem Rosenstockbruch. Die Verletzung des Rosenstockes führt zu einer dauernden Deformation der rechten Stange und tritt in jedem Jahr wieder auf. Außerdem hat er noch unterlauscherhohe Spieße – Klasse IIc.

103 >>

Überalterter Hirsch; 17- bis 18-jährig, hat trotz seines hohen Alters rechtsseitig noch 93 cm Stangenlänge mit 6 Enden. Die linke Stange stellt sich als Abnormität dar. Unmittelbar an und über der Augsprosse sind 14 kleine Warzenenden. Ein seitlich abstehendes Stangenende von etwa 60 cm war vor dem 1.8. noch vorhanden. Die Augsprosse ist 45 cm lang und verwunden steil nach oben gewachsen. Wahrscheinlich war es eine Verletzung in der Kolbenzeit, die zu dieser Deformation führte. Am 20.10. hatte er noch ein Alttier mit Kalb und ein Schmaltier dabei – Klasse IIb.

104 >>

Hirsch vom 4. Kopf mit einem Stangenbruch an der rechten Stange oberhalb der Augsprosse. In dieser Altersklasse zeigt er eine nicht den Anforderungen gerecht werdende Trophäenentwicklung – Klase IIb.

105 >>

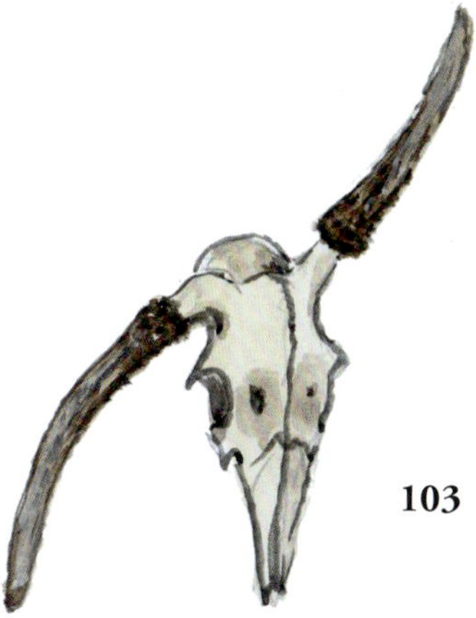

103

104

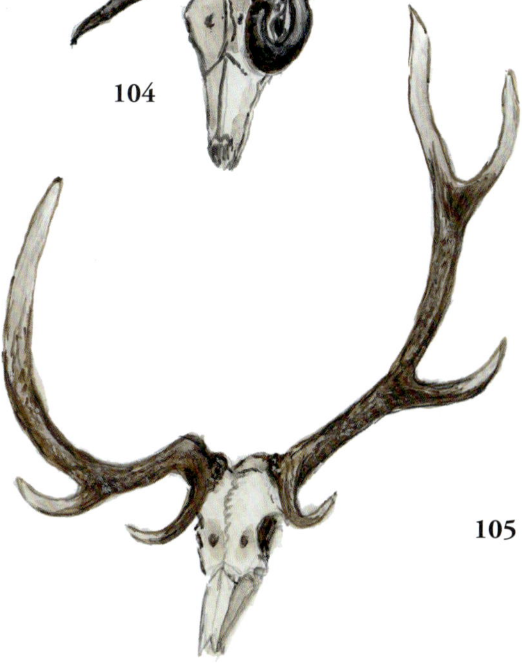

105

Dreijähriger Hirsch mit extrem kurzen Stangen und vielen Endenansätzen. Am gesamten Körper, außer an den Läufen, fehlte die Behaarung. Die Haut war glänzend und lederartig. Die Ursache des starken Haarausfalls blieb ungeklärt.

106 >>

Zweijähriger Hirsch nach Verletzung in der Kolbenzeit und Bruch der rechten Stange. Die Augsprosse zeigt dadurch ein starkes Wachstum steil nach oben.

107 >>

Zweijähriger Hirsch mit einseitiger Stangenbildung. Der Rosenstock ist auf der rechten Seite ohne Keimsaum nur angedeutet. Aus diesem Grund wächst rechtsseitig nie eine Geweihstange.

108 >>

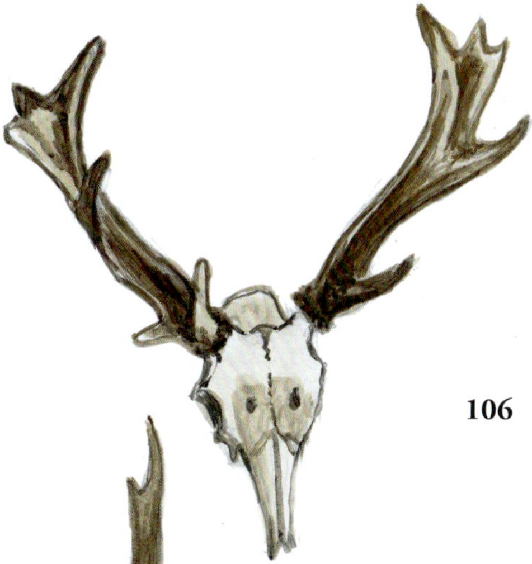

106

107

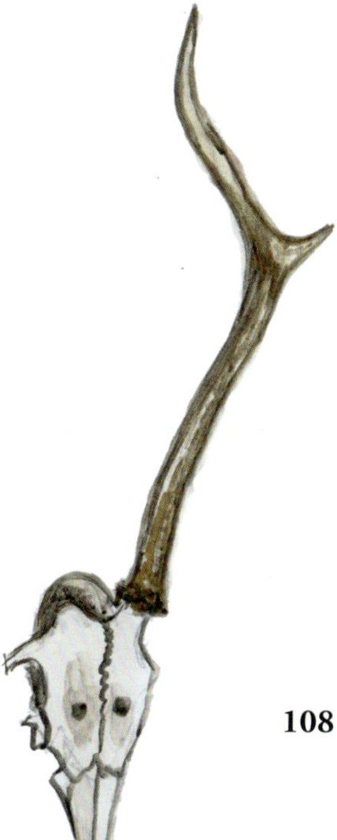

108

Ein etwa 10-jähriger Hirsch mit deformierter linker Stange. Der Hirsch hat am rechten Hinterlauf, oberhalb des Sprunggelenkes, einen länger zurückliegenden verwachsenen Bruch. Diagonal zu dieser Hinterlaufverletzung erfolgt ein deformiertes Wachstum der Stange. Das ist, wie auch beim Dam- und Rehwild zu beobachten, gewöhnlich die Regel.

109 >>

Zwölfjähriger Hirsch mit starken Stangen, der offensichtlich in der Kolbenzeit mit der rechten Stange eine schädliche Berührung hatte. Daraus ist die Stangendeformation entstanden.

110 >>

Merke: Hirsche mit Geweihabnormitäten, wie Geweihdeformationen und Geweihmissbildungen, sollten immer, auch außerhalb des festgelegten und genehmigten Abschussplans, erlegt werden. Sie haben außerdem einen seltenen Trophäenwert. Hirsche mit Geweihdeformationen, die erblich sind, wie ererbte Einstangigkeit oder das Fehlen von Enden und Kronen, sind frühzeitig, also noch in der Jugend- bis spätestens in der Mitteklasse, zu erlegen.
Das trifft auch für die Missbildung an Trophäen zu. Ursache der Missbildung sind gewöhnlich starker Parasitenbefall, Krankheit oder auch eine Schussverletzung.

Ansprechen – Feist- und Brunfthirsch

Feisthirsch – mittelalt

Alle Körperteile wirken abgerundet, die Decke ist kurzhaarig und glänzt hirschrot. Der Hirsch steht infolge seiner derzeitigen Körperstärke und seiner Massigkeit insgesamt niedrig auf den Läufen. Die Wamme ist deutlich zu erkennen. Am Träger ist die Brunftmähne noch sehr kurzhaarig. Der Hirsch macht einen behäbigen Eindruck und zeigt im ganzen Verhalten, dass er zur Feistzeit die Bequemlichkeit und Ruhe liebt. Er ist träge, faul und heimlich.

111 >>

Brunfthirsch – mittelalt

Der Hirsch ist am Ende der Brunftzeit, Ende September/Anfang Oktober, schon stark vom Brunftgeschehen gezeichnet. Hervorstechend sind die breite, massige Brust, der kurze Träger und die voll entwickelte Brunftmähne. Infolge geringer Äsungsaufnahme während der Brunft ist der Hirsch im Wildbret stark abgekommen. Er verliert in dieser Zeit 15-20 % oder auch mehr seiner Körpermasse. Der Vorschlag tritt deutlich hervor, die Rippenbogen zeichnen sich unter der Decke ab. Der Brunftfleck reicht bis zwischen die Vorderläufe. Der Hirsch wirkt ausgesprochen mager und nach hinten, zur Keulenpartie hin, fällt der Wildkörper ab. Dadurch wirkt die Keulenpartie schmal und mager. In diesem Körperzustand täuscht der mitteltalte Hirsch einen reifen, alten Hirsch vor. Es sind deshalb alle Altersmerkmale in ihrer Gesamtheit zu betrachten, um einen Fehlabschuss zu vermeiden.

112 >>

Merke: Durch den körperlich unterschiedlichen Zustand des Hirsches zur Feist- und zur Brunftzeit werden häufig die sonst mehr oder weniger deutlich vorhandenen Altersmerkmale überdeckt, so dass es – besonders bei mittelalten Hirschen – zu Fehlabschüssen kommen kann.

Deckenfärbung – Farbanomalien

Die Decke der Rotwildpopulation zeigt im Allgemeinen eine hellrotbraune Farbe im Sommerhaar und eine etwas dunklere bis graubraune Farbe beim dichten Winterhaar. Die Sommerfärbung von Hellrot bis leicht Rotbraun prägt das Eigenschaftswort *hirschrot* und kommt sowohl bei den Hirschen als auch beim Kahlwild vor. Nach dieser rotbraunen Deckenfarbe ist das Rotwild benannt.

In seltenen Fällen tauchen immer wieder einmal Stücke mit einer Teilweißfärbung oder Vollweißfärbung der Decke auf. Man nimmt an, dass hier reine Farbmutationen vorliegen, also kein Albinismus. Weiße Stücke können sehr leicht von Jahr zu Jahr wiedererkannt werden. Bei den Hirschen kann man die Geweihentwicklung sehr gut verfolgen. Beim Kahlwild ist zu erkennen, wie es an der Reproduktion teilnimmt und ob es normal gefärbte oder Stücke mit weißen Flecken, Platten oder sogar weiße Kälber setzt. Auch kann man die unterschiedlichen Sommer- und Wintereinstände erkennen.

Deshalb ist es empfehlenswert, weiß gezeichnetes Rotwild nicht als fehlentwickelte Stücke schon in den jungen Altersklassen zu erlegen, sondern man sollte sie vielmehr alt und reif werden lassen.

113 >>

Schematische Darstellung des Zuwachses an Körpermasse und der Veränderung der Körperhaltung in den einzelnen Altersklassen

Eine Aussage über eine einheitliche Entwicklung der Körpermaße und der Körpermasse lässt sich im Allgemeinen nicht machen. Dagegen kann man den Körperzuwachs und die Körperhaltung in den Entwicklungsphasen der Altersklassen deutlich erkennen. Diese Merkmale sind beim Ansprechen von Bedeutung. In den Darstellungen sind die schwarz eingefärbten Körperpartien der Zuwachs während Änderung der Körperhaltung mit Pfeilen gekennzeichnet ist.

Vom Schmalspießer zum Zweijährigen

Änderung der Bauchlinie und Trägerzuwachs.

114 >>

Vom Zweijährigen zum jungen Hirsch

Änderung der Bauchlinie, Trägerzuwachs, leichter Widerrist.

115 >>

Vom jungen Hirsch zum mittelalten Hirsch

Änderung der Bauchlinie, Trägerzuwachs, Rückenlinie, Widerrist, Haltung des Hauptes.

116 >>

Vom mittelalten Hirsch zum alten Hirsch

Änderung der Bauchlinie, Träger, Widerrist, Haupt, Haltung des Hauptes, Vorschlag, Keulenpartie.

117 >>

Vom alten Hirsch zum überalterten Hirsch

Änderung der Bauchlinie – wird zum Hängebauch – Körpermasse wirkt schwächer, Träger wird dünner, Haltung von Haupt und Träger.

118 >>

Ansprechen des weiblichen Rotwildes

Altersmerkmale des Kahlwildes

	Haupt	Träger	Figur	Verhalten
Kalb	klein, zierlich, kindlicher Ausdruck	schlank, aufrecht	schlank, zierlich, hoch auf den Läufen	ausgeprägte Mutter-Kind-Beziehung, immer beim Tier, Decke heller als beim Hirschkalb, beim Nässen Hockstellung
Schmaltier	länglich, schmal, jugendlich	schlank, aufrecht	schlank, hochläufig, Rückenlinie ist gerade, Bauchlinie nach hinten ansteigend	noch starke Mutter-Kind-Beziehung, nur zur Brunft unterbrochen, geht vor den jungen Tieren in die Brunft
Junges Tier	schlank	stärker, etwas kürzer	ausgeglichene Körperproportionen, Rückenlinie gerade, Bauch leicht gewölbt	aufmerksam, starke Beziehung zum Kalb, brunftet später als Schmaltier

Wildkalb

Hirschkalb

Schmaltier

Junges Tier

	Haupt	Träger	Figur	Verhalten
Mittelaltes Tier	schon etwas länger und breiter	stärker, kürzer, geringe „Vorbrust“	ausgeglichen, Rücken leicht gewölbt, Bauch leicht hängend, kurzläufig	bestes Tier des Rudels, sehr aufmerksam, kann schon Leittier sein, brunftet Ende September
Altes Tier	lang und trocken, Jochbögen treten hervor	stark, Drosselknopf sichtbar	Widerrist und Kruppe treten hervor, Senkrücken, Hängebauch, Körpermasse mittig	meist Leittier, sehr erfahren, aufmerksam und vorsichtig
Überaltertes Tier	lang und knochig, grobe Züge, Farbe hell	dünn, starker Drosselknopf	grobknochig, eingefallene Flanken, starker Senkrücken, tiefer Hängebauch, Hänge-„Knie“	geht häufig als letztes Stück im Rudel, ist nicht mehr Leittier, brunftet nicht mehr, sehr vorsichtig

Altes Tier, hochbeschlagen

Mittelaltes Tier

Überaltertes Tier

Ansprechen nach der Form des Hauptes und nach dem Gesichtsausdruck

Wildkalb

Das Wildkalb hat ein kindliches, zierliches Haupt mit neugierigem Gesichtsausdruck.

119 >>

Schmaltier

Beim Schmaltier ist das Haupt schmal und läuft zum Äser hin spitz zu. Die Jochbögen sind nicht zu sehen. Der Gesichtsausdruck ist jugendlich, die steil aufgerichteten und nach vorn gestellten Lauscher geben dem Stück einen gespannten, aufmerksamen Gesichtsausdruck.

120 >>

Junges Tier

Das junge Tier hat ein längliches, noch schlankes Haupt mit schon vollerem Gesicht ohne grobe Gesichtszüge; wirkt schon ruhig und überlegen.

121 >>

Mittelaltes Tier

Das mittelalte Tier hat ein längliches Haupt ohne grobe Gesichtszüge, der Gesichtsausdruck wirkt ruhig, überlegen und vorsichtig.

122 >>

Altes Tier

Das alte Tier ist charakterisiert durch ein „trocken“ wirkendes Haupt. Durch stark hervortretende Jochbögen und die auffallend tiefen Tränengruben erhält das Stück einen alten Gesichtsausdruck. Die langen Lauscher werden wie „Radarschirme“ nach vorn gerichtet.

123 >>

Überaltertes Tier

Das überalterte Tier ist gekennzeichnet durch sein trocken wirkendes Haupt, dieses ist lang und zum Teil knochig; der Träger wirkt dünn, Gesichtsausdruck greisenhaft, müde und misstrauisch.

124 >>

Ansprechen des Kahlwildes nach Körpermasse und Form

Hirsch- und Wildkalb zeigen bis etwa zum 6. Lebensmonat keinen Unterschied. Beide haben die typische Fleckzeichnung, sind hochläufig, verspielt und noch etwas steif in den Bewegungen. Das einzige sichtbare Merkmal ist das Nässen, wobei das Wildkalb leichte Hockstellung einnimmt. In der weiteren Entwicklung steht das Wildkalb dem Hirschkalb im Wildkörper etwas nach. Es wirkt schlanker, eleganter und etwas heller in der Decke, besonders am Träger und am Bauch. Haupt und Lauscher sind kurz, der Träger ist dünn.

Von August an erfolgt der Hegeabschuss bei den Kälbern. Gestreckt werden vor allem sehr spät gesetzte Kälber einschließlich Muttertier, wenn im September noch die Fleckzeichnung erkennbar ist.

Beim Schmaltier ist die Altersansprache am sichersten, wenn man das Stück im Sommerrudel – Alttier, Schmaltier, Kalb – oder im Rudelverband von mehreren Stücken ansprechen kann. Das Schmaltier hat eine schlanke Figur, einen dünnen Träger, ein längliches und schmales Haupt mit kurzen Lauschern. Das Stück steht ebenso wie der Schmalspießer „hoch auf den Läufen". Die Rückenlinie ist gerade, die Bauchlinie steigt von der Mitte des Bauches zu den Keulen hin leicht an. Die Körperproportionen sind ausgeglichen, wirken aber insgesamt schlank. Die Bindung zum Muttertier ist noch eng und wird nur während der Brunftzeit kurzzeitig unterbrochen.

Wird ein Schmaltier zur ersten Brunft, also mit etwa 15 Monaten, nicht beschlagen, so bezeichnet man es als übergehendes Schmaltier. Solche Stücke sind schwer anzusprechen und werden oft mit einem geringen oder jungen Tier verwechselt.

Der Abschuss von Schmaltieren sollte sich nur auf solche geringe Stücke beschränken, die in der Körperstärke deutlich unter der Normalleistung ihrer Altersklasse liegen. Übergehende Schmaltiere können ebenfalls gestreckt werden, wenn sie als solche eindeutig anzusprechen sind.

Beim jungen Tier sind alle Körperproportionen bereits stärker. Haupt und Lauscher sind etwas länger, der Träger nicht mehr so schlank, so dass er dadurch etwas stärker und kürzer wirkt. In der Körpermasse fehlt die „Schlankheit" des Schmaltieres, die Figur ist kräftiger, aber trotzdem elegant. Rücken- und Bauchlinie sind gerade, das Stück steht noch hoch auf den Läufen.

Das junge Tier brunftet nach dem Schmaltier, dabei bleibt das Kalb beim Tier. Nach Möglichkeit sollte der Abschuss junger Tiere unterbleiben. Sie sind mit die besten Zuwachsträger. Zu strecken sind nur körperlich geringe bzw. kranke Stücke. Dabei ist das Kalb vor dem Tier zu erlegen.

Das mittelalte Tier trägt ein etwas längeres und breiteres Haupt, der Träger ist stärker und wirkt dadurch kürzer. Beim Übergang vom Träger zum Körper deutet sich bereits als „Vorbrust" ein leichter Vorschlag, ähnlich dem beim Hirsch, an. Die Körperproportionen sind noch ausgeglichen, der Rumpf wirkt aber etwas stärker und quadratischer. Die Rückenlinie ist leicht gewölbt, Widerrist und Kruppe deuten sich bereits an, die Bauchlinie hängt etwas durch. Das ist besonders bei beschlagenen Stücken sehr gut sichtbar. Mittelalte Tiere sind die besten und kräftigsten Stücke des Rudels und bringen den stärksten Nachwuchs. Im Verhalten sind sie aufmerksam, sichern häufig und wirken bei Kleinrudeln oftmals schon als Leittier.

Das alte Tier hat schon gut ansprechbare charakteristische Körperformen und Merkmale. Das Haupt wirkt lang und trocken, ist hell gefärbt; die Jochbögen treten bereits stark hervor. Die Lauscher sind lang. Der Träger ist stark, mit deutlich hervortretendem Drosselknopf.

Beim Übergang vom Träger zum Körper ist der Vorschlag deutlich zu erkennen. Bei der Rückenlinie treten Widerrist und Kruppe sehr stark hervor. Der Rücken ist in der Regel noch leicht gewölbt, besonders bei beschlagenen Stücken. Hat das Stück aber gesetzt und das Kalb abgelegt, so sind die eingefallenen Flanken und ein bereits starker Senkrücken deutlich sichtbar. Die Bauchlinie hängt durch.

Grundsätzlich müssen Leittiere unter weidmännischen Gesichtspunkten, sofern sie nicht überaltert sind, geschont werden. Wachen sie doch aufgrund besonderer Instinkte und Erfahrungen über die Sicherheit des Rudels. Nur bei Großrudeln ist es notwendig, das Leittier (einschließlich Kalb) zu erlegen, um so das Rudel zu sprengen. Dadurch werden Wildkonzentrationen und damit Wildschäden weitgehend vermieden. Es bilden sich dann mehrere Kleinrudel oder Familienverbände.

Das überalterte Tier zeigt markante Altersmerkmale. Das Haupt ist lang und trocken mit sehr stark hervorstehenden Jochbögen und groben Zügen. Tiefe Tränengruben sowie lange Lauscher vertiefen den greisenhaften Eindruck. Der Träger ist dünn und knochig mit stark hervortretendem Drosselknopf. Senkrücken, hohe Kruppe, knochiger Körperbau, tief eingefallene Flanken sowie Hängebauch und deutlich sichtbare Hänge-„Knie“ vervollständigen diese Merkmale.

Das Stück steht vor der natürlichen Altersgrenze, kommt meist als letztes Stück des Rudels oder ist als Einzelstück sehr heimlich. Da diese überalterten Stücke keine volle Leistungsfähigkeit aller Körperfunktionen mehr haben, werden sie vom Rudel nicht als Leittier geduldet.

Überalterte Tiere sind unbedingt zu erlegen. Sie sind häufig als die „größten" und „gröbsten" Stücke anzusprechen. Dieses hohe Alter sollte Kahlwild bei intensiver Bewirtschaftung des Rotwildbestandes nicht erreichen. Das Zielalter von 8 bis 10 Jahren sollte daher für den Abschuss der Tiere bindend sein.

Merke: Ähnlich wie bei der körperlichen Entwicklung des Hirsches sind beim Kahlwild in den einzelnen Altersklassen anhand des Körperbaus Merkmale anzusprechen, die eine Einstufung in das vermutliche Alter ermöglichen. Da es auch beim Kahlwild, analog zu den Hirschen, nach dem Körperbau kleine und grobschlächtige, große Stücke gibt, ist die Altersansprache erschwert. Es ist deshalb auch nur in der Klasse der Kälber und Schmaltiere eine genaue Altersansprache möglich. Bei den älteren Stücken spricht man von jungen, mittelalten, alten und überalterten Tieren, bei den Schmaltieren unterscheidet man noch übergehende oder übergangene Schmaltiere. Das sind solche Stücke, die zur Brunft nicht beschlagen wurden. Sie sind „vom Hirsch übergangen worden".

Ansprechen nach dem Habitus

Hirsch- und Wildkalb

Hirsch- und Wildkalb zeigen bis etwa zum sechsten Lebensmonat kaum einen Unterschied. Das einzig sicher ansprechbare Merkmal ist das Nässen. Im Laufe der weiteren Entwicklung steht das Wildkalb dem Hirschkalb im Wildbret etwas nach. Es wirkt schlanker und eleganter. Das Haar an Träger und Bauch ist heller als beim Hirschkalb. Haupt und Lauscher sind kurz, der Träger ist dünn.

Wildkalb **125** >>

Hirschkalb **126** >>

Schmaltier

Die Altersbestimmung ist am sichersten, wenn man das Stück im Rudel ansprechen kann und ein Vergleich der Stücke untereinander möglich ist. Beim Schmaltier fallen besonders in der äußeren Erscheinung die schlanke Gestalt, der dünne Träger und das noch kurze Haupt mit den kurzen Lauschern auf. Das Stück steht genau wie der Schmalspießer „hoch auf den Läufen".

127 >>

Junges Tier

Beim jungen Tier ist außer der schmalen, noch kurzen Form des Hauptes die Körperform charakteristisch, die nicht mehr die schlanke, runde und kurze des Schmaltieres ist, aber trotzdem elegant wirkt. Der Träger ist nicht mehr so dünn wie beim Schmaltier. Das Haupt zeigt keine groben Gesichtszüge. Die Rückenlinie ist gerade. Das Stück wirkt in den Läufen etwas kürzer.

128 >>

Mittelaltes Tier

Hat voll wirkendes Haupt auf starkem Träger. Körperstärke und Körperproportionen wirken ausgeglichen. Leichter Sattel zwischen Träger und Rückenlinie. Der Rücken wirkt gespannt. Die Bauchlinie ist nach unten gewölbt. Führende Tiere können eindeutig spitz von hinten an der Spinne, dem prallen Gesäuge, angesprochen werden. Mittelalte Tiere sollten zusammen mit jungen Tieren den zahlenmäßig größten Anteil des Kahlwildes in einer Rotwildpopulation bilden.

129 >>

Altes Tier – hochbeschlagen

Charakteristisch sind das lange „trockene“ Haupt und der deutlich hervortretende Drosselknopf sowie der starke Träger, der Vorschlag und die durch Widerrist und Kruppe unterbrochene Rückenlinie. Das Alttier dieser Altersklasse ist meist Leittier eines Rudels. Alte Tiere zeichnen sich durch besondere Vorsicht aus, sind sehr misstrauisch und sichern lange.

130 >>

Überaltertes Tier

Markant sind das alt aussehende, lange, „trocken“ wirkende Haupt, der dünne Träger, die eingesunkene Rückenlinie, der Hängebauch und die Hänge-„Knie“.
Das ganze Stück wirkt ausgesprochen knochig. Die Augenbögen treten auffällig hervor. Deutlich sichtbar ist der Drosselknopf. Dieses hohe Alter sollte das Kahlwild nicht erreichen, sondern das Zielalter von zehn Jahren möglichst nicht überschreiten.

131 >>

Rotwildfamilie im August

Alttier mit starkem Hirschkalb und Schmalspießer. Mutter-Kind-Beziehung besonders beim Schmalspießer noch stark ausgeprägt. Er wird erst zur Brunft vom Platzhirsch abgeschlagen. Dieses kleine Familienrudel ist im Sommer anzutreffen. Solche Rudel können sich auch anders zusammensetzen, wie z. B. Tier, Schmaltier und Wildkalb. Aus der Körperstärke des Kalbes kann man auch auf die Qualität des Muttertieres schließen, also starkes Tier gleich starkes Kalb und starkes Kalb gleich gut vererbendes Muttertier.

Alttier **132 >>**

Schmalspießer **133 >>**

Hirschkalb **134 >>**

132 >>

133

134 >>

Führendes (säugendes) Alttier und Gelttier

Alttier

Säugendes Alttier, äsend, bei der die Spinne (Gesäuge) deutlich zu erkennen ist.

135 >>

Gelttier

Sehr altes, wildbretschwaches Alttier, bei dem keine Spinne (Gesäuge) zu erkennen ist. Vermutlich ist es ein siechendes Gelttier, das unbedingt erlegt werden muss.

136 >>

136 >>
<< 135

Fährten

Fährten sind plastische Abdrücke im Boden durch Vorder- und Hinterläufe, die beim Verhoffen, dem Ziehen oder bei einer Flucht entstehen. Die Fährte gibt uns gewöhnlich eine Auskunft über das Geschlecht, das Alter und die Stärke eines Stückes. Die Unterschiede ergeben sich aus den Größenverhältnissen der Stücke zueinander, der Form der Läufe und durch die Art des Aufsetzens.

Folgende Merkmale kennzeichnen den Unterschied beider Geschlechter beim Rotwild:

- Beim Hirsch ist der Vorderlauf stets stärker als der Hinterlauf. Nachdem er etwa 6 bis 7 Jahre alt ist, die körperliche Entwicklung langsam abschließt, verlagert sich die Masse und damit der Schwerpunkt des Wildkörpers immer weiter nach vorn. Somit haben die stärkeren Vorderläufe die Hauptlast des Wildkörpers zu tragen. Dabei stehen beim reifen Hirsch die Vorderläufe fast unter der Mitte des Wildkörpers.

- Der Spalt zwischen den Schalen ist beim Hirsch enger als beim Tier. Durch die größere Körpermasse werden die Schalenspitzen zusammengezwängt; in der Fährte entsteht das Zeichen des *Zwanges*.

- Die Schalen verbreitern sich beim Hirsch mit zunehmenden Alter und sind in den Spitzen stumpfer als beim Tier.

- Die Oberrücken sind kurz und stumpf.

- Die Schalenränder und die Ballen zeigen besonders beim alten Hirsch Abnutzungserscheinungen sowie Einschnittsfurchen und Kerben.

- Das Schränken (der Schrank) ist beim Hirsch, je älter er ist, und zur Feistzeit deutlicher ausgeprägt.

- Der Lauf des Tieres ist schmaler und wirkt dadurch länger. Der Spalt zwischen den Klauen ist breiter, und die Schalen sind spitzer als beim Hirsch. Im Verhältnis zur Schale sind die Oberrücken länger und spitzer. Durch die Größenverhältnisse und die geringere Wildbretmasse drückt sich auch der Tritt geringer ab. Der Lauf und damit der Tritt des Wildkalbes ist deutlich geringer. Eine Verwechselung mit dem des Damkalbes oder eines Damschmaltieres ist jedoch nicht möglich, denn der Ballen des Rotwildkalbes nimmt etwa ein Drittel der Schalenlänge ein, beim Damschmaltier ist es nur etwa die Hälfte. Für eine spezifische Ansprache nach der Fährte sind „hirschgerechte Zeichen" von Bedeutung. Hier werden nur die wichtigsten „gerechten Fährtenzeichen", die im Revier zu erkennen und anzusprechen sind, erläutert.

Wir unterscheiden im Trittsiegel des Hirsches:

a) – *Zwang*. Der Zwang entsteht durch die Geschlossenheit oder den Schluss des Trittsiegels. Der Hirsch drückt beim Ziehen die Schalen zusammen, wogegen das Tier sie spreizt. Damit erscheinen die Schalenspitzen geschlossen. Dieses fast vollständige Schließen der Schalen lässt das Trittsiegel runder und klarer erscheinen. Die innen liegenden Schalenränder drücken durch die Körpermasse des Hirsches geringe Mengen von Erde oder Schnee nach oben. Es erscheint das Fädchen.

b) – *Fädchen*. Das Fädchen ist ein länglicher Boden- oder Schneestreifen, der durch den Spalt zwischen den Schalen, den Zwang, gedrückt wird.

c) – *Schale*. Den unteren Teil des Laufes bilden die Klauen, die in der Weidmannsprache als Schalen bezeichnet werden.

Tritt vom Rothirsch

137.1 >>

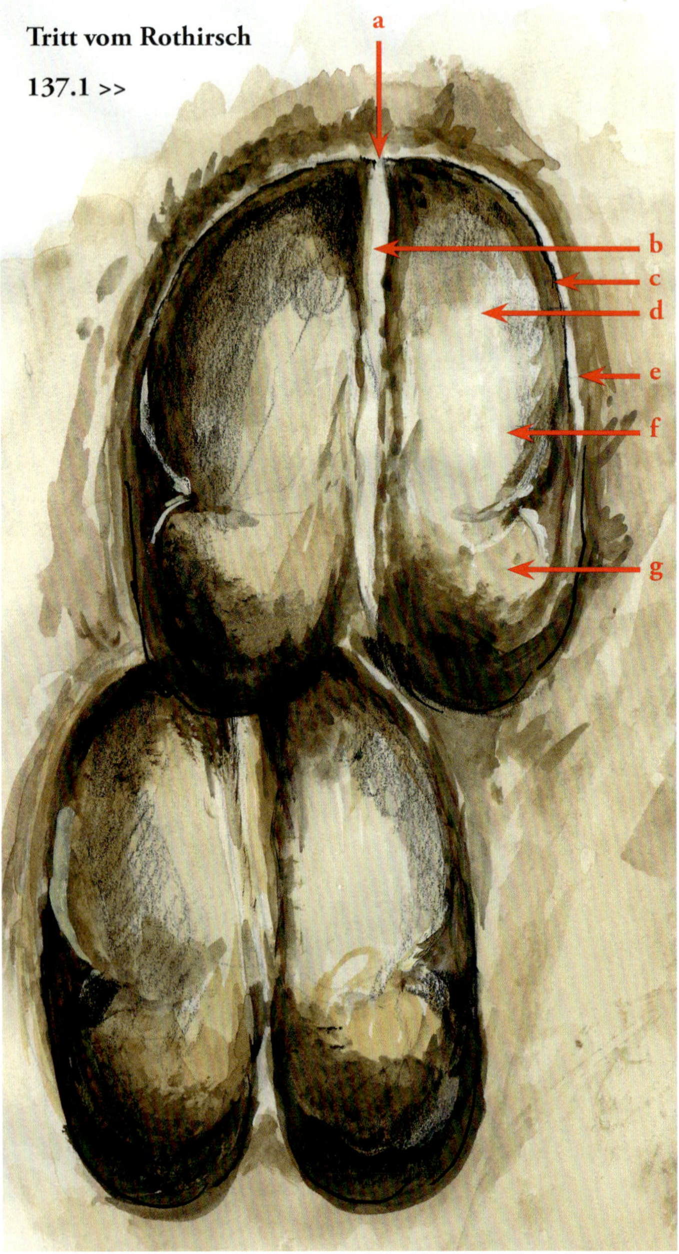

Diese sind gespalten und von Hornschalen umschlossen. Die Schalenwandungen umschließen nach innen die Hohle.

d) – *Hohle*. Sie ist eine Vertiefung innerhalb der Schalenwandung, die sich im Boden stets erhaben abzeichnet.

e) – *Reifchen*. Das Reifchen entsteht dadurch, dass der geringere Hinterlauf genau in den Tritt des Vorderlaufes gesetzt wird; somit wird durch den Abdruck der geschlossenen Schalenspitzen beider Läufe ein doppelter Kranz gebildet.

f) – *Burgstall*. Hierbei handelt es sich um den erhabenen Teil im Trittsiegel, der durch die Hohle verursacht und besonders bei starken Hirschen infolge der hohen Körpermasse, die auf den Schalenrändern liegt, sichtbar wird.

g) – *Ballen*. Dieser schließt sich hinter der Hohle an. Bei älteren Stücken zeigen sich Einschnittsfurchen und Kerben als Abnutzungserscheinungen.

Bedingt durch die Unterschiede in der Stärke und Länge der Wildkörper, der Wildbretmasse, besonders des Gewichtes des Vorderteils und durch die Unterschiede im Bewegungsablauf im Gang weichen im Vergleich auch die Fährten von Hirsch, Tier und Kalb voneinander ab. Das Auswärtssetzen der Tritte erfolgt beim Hirsch stark. Dagegen stellt das Tier die Tritte nur gering auswärts, während das Kalb sie fast parallel setzt.

Das Schränken (den Schrank) zeigt der Hirsch besonders in der Feiste mehr als das Tier; das Kalb schnürt fast. Ein hochbeschlagenes Tier schränkt wiederum mehr als ein Schmalspießer.

Neben den Merkmalen Schrittweite, Stärke der Tritte, Auswärtssetzen der Tritte, Schränken sowie Stumpfheit der Schalen gibt es weitere gerechte Fährtenzeichen des Rothirsches:

Tritt vom Rottier

138.1 >>

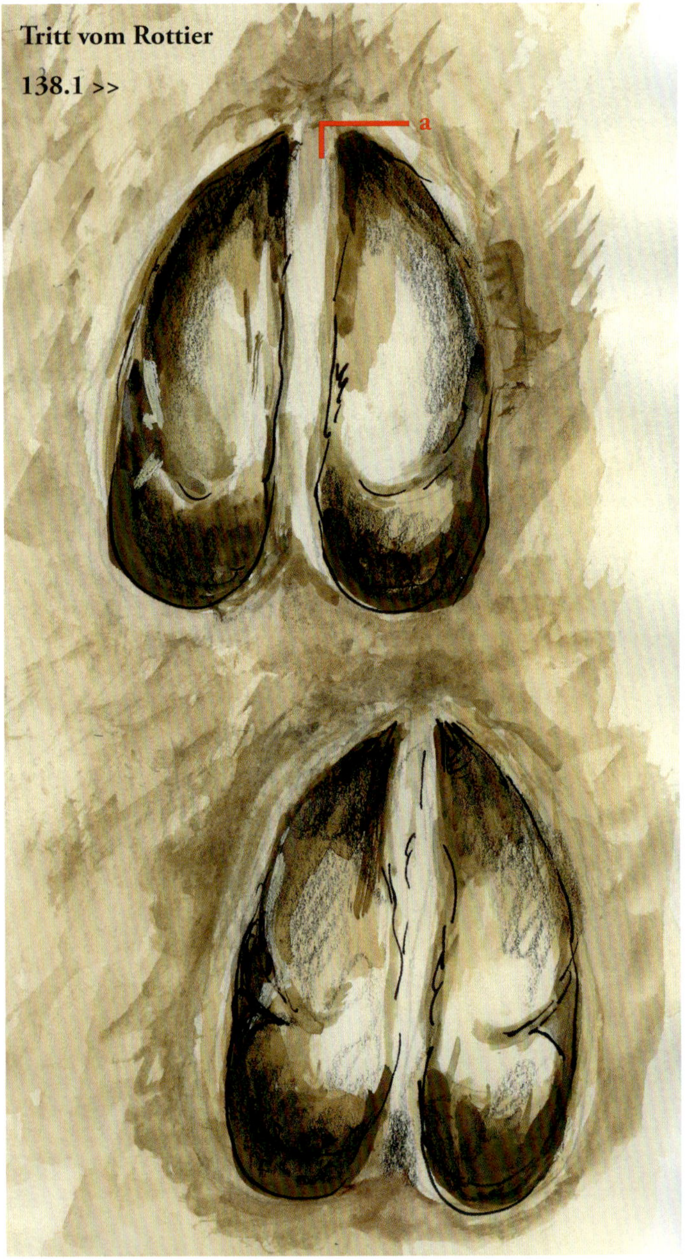

Abtritt, Einschlag, Scheibchen, Umschlag, Schlosstritt, Insiegel und das hohe Insiegel. Vergleiche dazu die Ausführungen über „Fährten des Rotwildes und hirschgerechte Zeichen“ im Buch: Fischer/Schumann, Fährten, Spuren und Geläufe, Verlag Neumann-Neudamm, Melsungen 2002.

Tritt von Rothirsch und Rottier im Vergleich

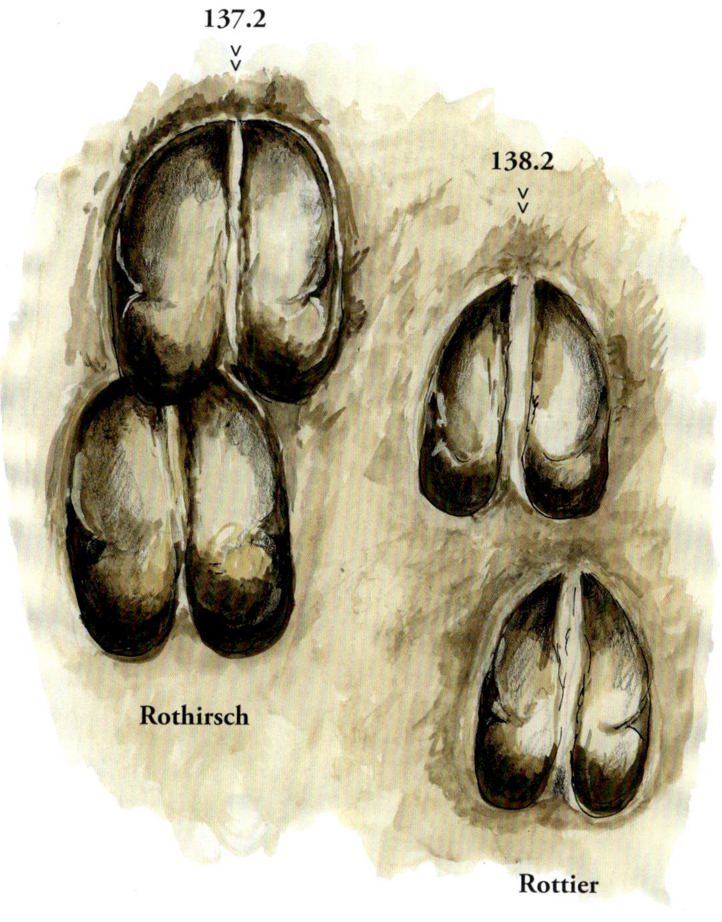

Fährtenbilder des jungen Hirsches

Ausschließlich beim jungen Hirsch treten die gerechten Fährtenzeichen Übereilen, Vierballenzeichen und das Blenden auf.

Übereilen. Beim Übereilen tritt der Hirsch mit dem geringeren Hinterlauf vor den stärkeren Vorderlauf, er schreitet also mit dem Hinterlauf weiter als mit dem Vorderlauf.

139 >>

Vierballenzeichen. Das Vierballenzeichen ist eine Folge des Übereilens. Auch hier steht wieder der geringere Hinterlauf leicht vor dem stärkeren Vorderlauf, und zwar so, dass 4 Ballen, aber nur 2 Schalen zu sehen sind.

140 >>

Blenden. Das Blenden entsteht als Folge des Übereilens. Der geringe Hirsch übereilt nur wenig und setzt den Tritt des Hinterlaufes fast genau in den des Vorderlaufes. Dadurch entsteht in Länge und Breite ein größeres Trittsiegel. Er täuscht somit einen starken, alten Hirsch vor. Er blendet und entstellt die Fährte. Zu erkennen ist das Blenden auch am doppelten Schalenrand und gelegentlich am Reifchen.

141 >>

139

140

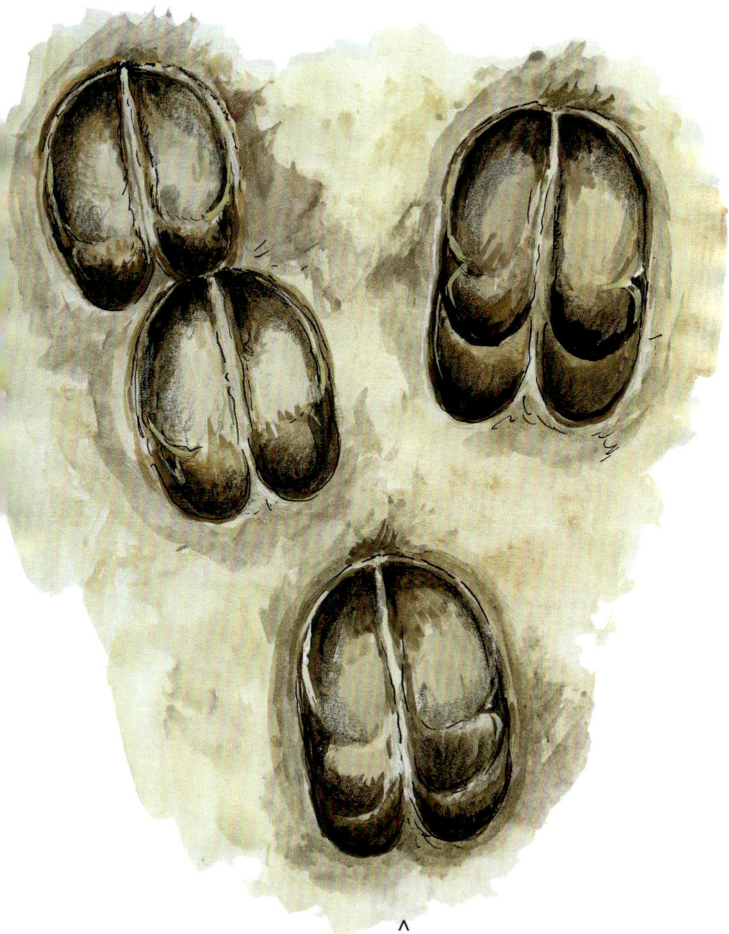

141

Fährtenbild des alten Hirsches

Je älter der Hirsch wird, umso weniger setzt er den geringeren Hinterlauf in das Trittsiegel des stärkeren Vorderlaufes. Das Fährtenzeichen Ereilen entsteht sowohl bei starken Feisthirschen als auch bei Hirschen der Mittelklasse. Bei alten, starken und feisten Hirschen spricht man vom Zurückbleiben oder Hinterlassen. Solch ein Fährtenbild ist auch beim hochbeschlagenen Tier möglich, jedoch mit entsprechend geringerem Trittsiegel und mit gespreizten Schalen ohne Zwang.

Zurückbleiben. Dieses Fährtenzeichen entsteht, wenn der Hirsch mit seinem Hinterlauf das Trittsiegel des Vorderlaufes nur noch zum Teil erreicht und es dabei nur teilweise überdeckt.

142 >>

Hinterlassen. Der Hinterlauf wird unmittelbar hinter dem Tritt des Vorderlaufes aufgesetzt, so dass beide Tritte sich deutlich voneinander abzeichnen.

143 >>

Ereilen oder Dreiballenzeichen. Beim Dreiballenzeichen steht das Trittsiegel des Hinterlaufes schräg hinter dem des Vorderlaufes, so dass 3 Ballen zu sehen sind. Im Fährtenbild sind das Auswärtssetzen des linken Hinterlaufes, das starke Trittsiegel und der Schrank sichtbar.

144 >>

142 143

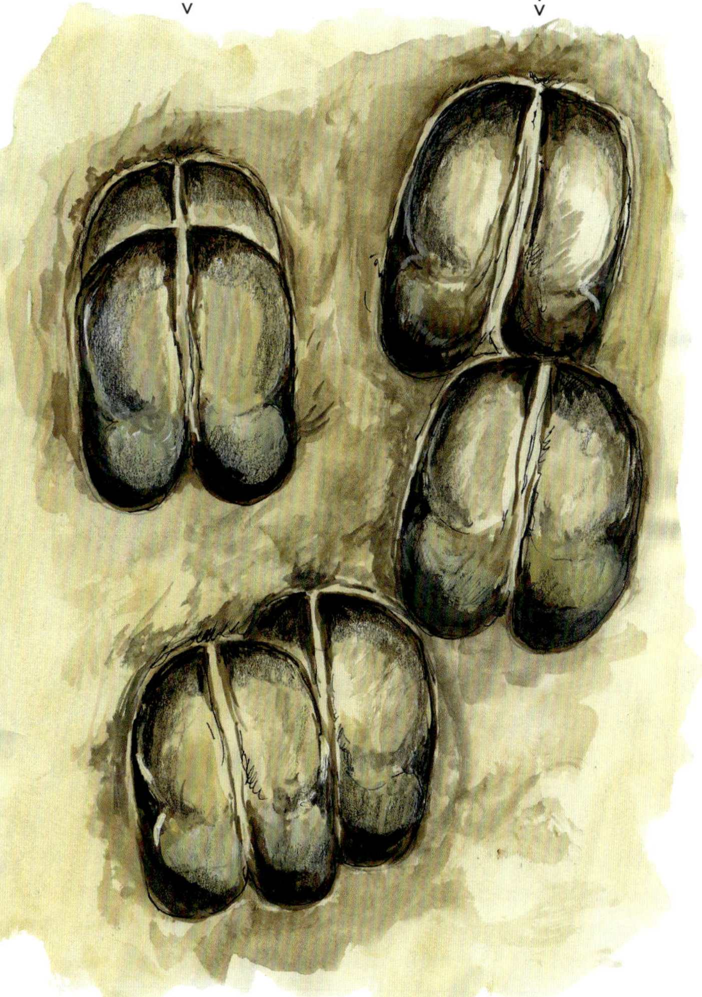

144

Fährtenbild eines Kleinrudels

Trittsiegel vom Rottier. Beim Kahlwild fehlen die charakteristischen Fährtenzeichen des Hirsches. Dagegen sind die Schalenspitzen leicht gespreizt, sie haben keinen Zwang. Die Tritte sind spitzer als beim Hirsch. Weibliches Wild hat eine geringere Wildbretmasse, deshalb wird die Fährte nicht ganz so rein abgedrückt. Das Tier setzt die Tritte gering auswärts.

145 >>

Trittsiegel vom Hirschkalb. Die Fährte des Hirschkalbes zeigt schon die Geschlossenheit des Trittsiegels und die sich bereits andeutende Stumpfheit der Schalen. Es fährten sich schon die Vorderläufe stärker als die Hinterläufe. Der Hinterlauf erreicht oder überdeckt gering das Trittsiegel des Vorderlaufes.

146 >>

Trittsiegel vom Schmalspießer. Der Schmalspießer übereilt mit dem Hinterlauf das Trittsiegel des Vorderlaufes. Dadurch lässt sich schon das Übereilen, das Vierballenzeichen und das sogenannte Blenden erkennen. Es kann auch der Tritt des Hinterlaufes so parallel und leicht übereilt in den des Vorderlaufes gesetzt sein, dass er dadurch länger und breiter erscheint. Augenscheinlich entsteht ein größeres Trittsiegel. Damit entstellt der Schmalspießer die Fährte und täuscht somit einen stärkeren und älteren Hirsch vor. Er blendet die Fährte. Zu erkennen ist das Blenden am doppelten Schalenrand und teilweise am Reifchen.

147 >>

145

146

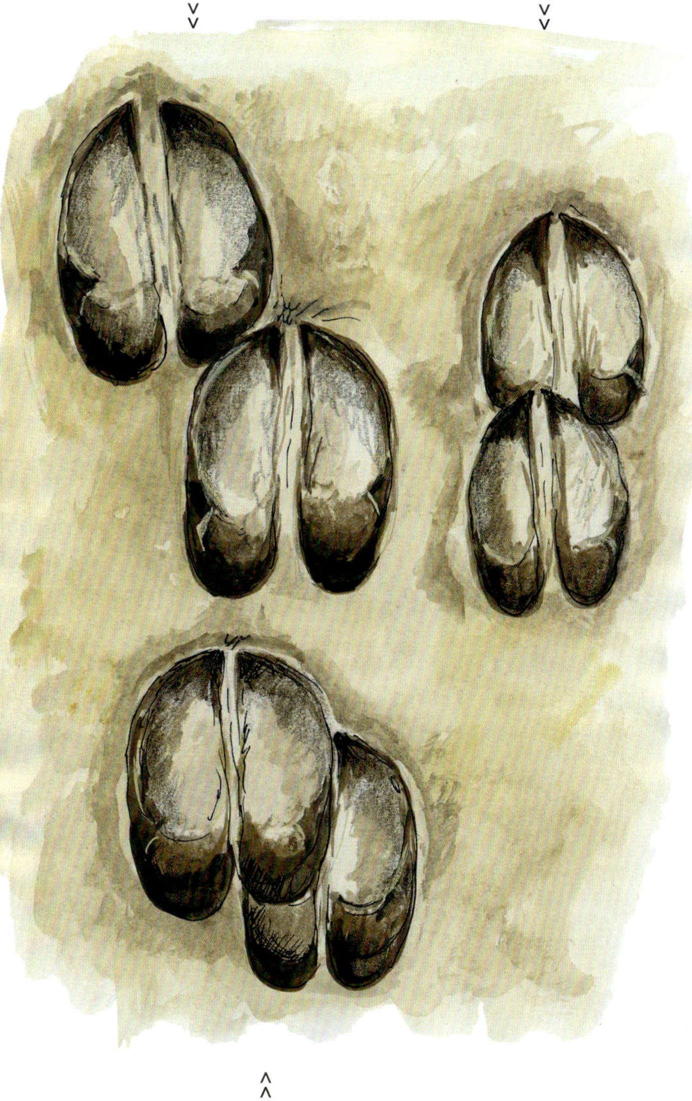

147

Losung

Die Rotwildlosung ist gewöhnlich mit einer Spitze, dem *Zäpfchen*, und einer Eindellung, dem *Näpfchen*, gekennzeichnet. Größere Losungsteile deuten auf einen stärkeren, kleinere auf einen geringen Hirsch hin. Daraus folgt auch, dass die Losung von Hirschen immer größer ist als die der Tiere. In den Jahreszeiten bleibt das unterschiedliche Größenverhältnis erkennbar. So sind die einzelnen Kotbeeren mit ihren Zäpfchen und Näpfchen beim Hirsch etwa 20 mm lang und 12 mm dick. Die der Tiere sind kleiner. Die Losung ist dunkelgrün bis schwarz gefärbt.

Im Winter ist die Losung durch die Aufnahme trockener Äsung weniger wasserhaltig und härter. Dieser Zustand ändert sich jedoch durch den Einfluss von saftiger Äsung im Frühjahr. Dann wird die Losung weich und klebt zusammen, wobei sich die Form der Zäpfchen und Näpfchen verwischt und oft sogar ganz verloren geht. Sie ähnelt dann der zusammenhängenden Losung des Schwarzwildes; sie ist zu dieser Zeit schleimig und dunkelgrün. Mit sinkendem Anteil saftiger Frühjahrskräuter und steigendem Rohfasergehalt nähert sich die Losung zum Sommer hin wieder mehr der Beerenform an. Damit wird klar, dass die Rotwildlosung in ihrer Form und in der Farbe entsprechend der Zusammensetzung und Konsistenz der Äsung in den verschiedenen Jahreszeiten variiert. Auch während der Brunft wird die Losung bei den Hirschen wegen der unregelmäßigen und ungenügenden Äsungsaufnahme kleiner und unregelmäßiger.

Frühjahrslosung **148 >>**

Sommerlosung **149 >>**

Winterlosung **150 >>**

148 >>

149 >>

150 >>

Schuss- und Pirschzeichen

Unter Schusszeichen versteht man die ungewöhnliche Art der Bewegung, die das beschossene und getroffene Stück Wild nach dem Auftreffen des Geschosses auf den Wildkörper macht. Der geübte und kundige Jäger erkennt annähernd die Art der Verwundung oder kann sogar aus dem Zeichnen vermuten, ob das beschossene Stück tödlich getroffen ist.

Wenn das Stück nach dem Schuss nicht im Feuer liegt oder in Sichtweite verendet, ist das Orten des Anschusses und das Verbrechen desselben notwendig, um notfalls bei einer Nachsuche darauf zurückgreifen zu können. Wird ein Schuss nicht von einem festen Ansitz auf das Stück abgegeben, ist auch der eigene Standort, bevor man ihn verlässt, zu kennzeichnen. Eine Nachsuche wird gewöhnlich erst nach Stunden, oft auch erst am kommenden Morgen, aufgenommen. So beginnt die Nachsuche vom Standort des Jägers aus.

Jeder Schuss hat nach der Treffpunktlage auf den Wildkörper einen kennzeichnenden Namen. Es werden unterschieden:

- Herz-, Lungen-, Milz- und Nierenschuss,
- Weidwundschuss,
- Haupt-, Träger- und Rückenschuss,
- Hohl-, Krell- und Streifschuss,
- Schuss auf den Stich,
- Breit- und Schrägschuss.

Es gibt Zufälligkeiten, bei denen der Jäger nach dem Schuss das Zeichnen nicht erkennen kann. Nicht selten zeichnet das Wild durch seine Schusshärte oder bei Weidwundschüssen kaum oder sehr undeutlich, so dass man die Art und den Grad der Verwundung nicht deuten kann. Wichtige Aussagen sind dann am Anschuss die Eingriffe des beschossenen Stücks, das gefundene Schnitthaar, der Schweiß oder Wildbretteile. Durch Schnitthaar lässt sich gewöhnlich die Trefferlage einordnen.

Das bedeutendste Pirschzeichen ist jedoch der gefundene Schweiß. Er ist nicht immer gleich am Anschuss zu finden, sondern kann erst nach einigen oder vielen Fluchten gefunden werden. Abgestreifter Schweiß an Baum, Strauch, Schilfrohr oder Gras läst einen Schluss auf die Höhe des Treffers am Wildkörper zu; denn Schweißaustritt und Schweißmenge hängen sowohl vom Hoch- oder Tiefschuss als auch vom Ein- und Ausschuss ab. Die Trefferlage kann anhand des gefundenen Schweißes und nach den anderen Pirschzeichen erkannt werden.

So analysiert man:

Herzschuss. Reichlicher, dunkler blasiger Schweiß, der aber nicht schaumig ist, wenn die Lunge nicht ebenfalls beschädigt wurde. Diesen Schweiß findet man schon am oder gleich hinter dem Anschuss neben der Fährte.

Lungenschuss. Hellorangeroter, blasiger bis schaumiger Schweiß, mit Lungenteilchen vermischt, der neben der Fährte zu finden ist.

Leberschuss. Große braunrote bis schokoladenfarbige Schweißtropfen, die sich beim Zerreiben grießig anfühlen. Am Anschuss findet man häufig Leberfetzen, die man am Geschmack und Geruch erkennen kann.

Milzschuss. Tiefroter bis blauroter Schweiß, der in dicken Tropfen neben der Fährte liegt und oft durch den Panseninhalt schmutzig gefärbt ist.

Wildbretschuss. Mittel- bis dunkelroter Schweiß, der anfangs sehr reichlich liegt, aber dann immer weiter abnimmt und später kaum noch gefunden wird.

Weidwundschuss. Hellroter bis grüngrauer, dünner, schmutziger Schweiß, der mit Pansen- und/oder Darminhalt vermischt ist. Am Geruch läst sich Panseninhalt erkennen. Schweiß ist gewöhnlich erst später in der Wundfährte zu finden.

Weitere Pirschzeichen sind Knochensplitter und -mark, Zähne, Schnitthaar, Wildbret- und Hautfetzen.

Abb. 151: Herzschweiß – links: frisch; rechts: mehr als 10 Stunden alt

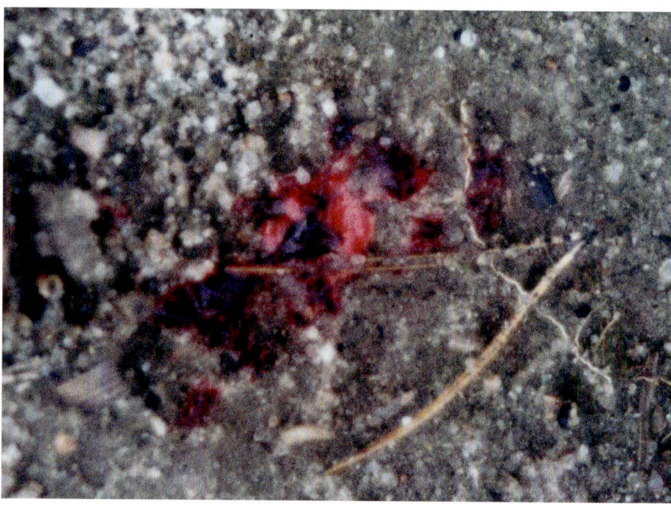

Abb. 152: Vermischter Leber- und Lungenschweiß mit Teilen von Leber und Lunge

Abb. 153: Lungenschweiß

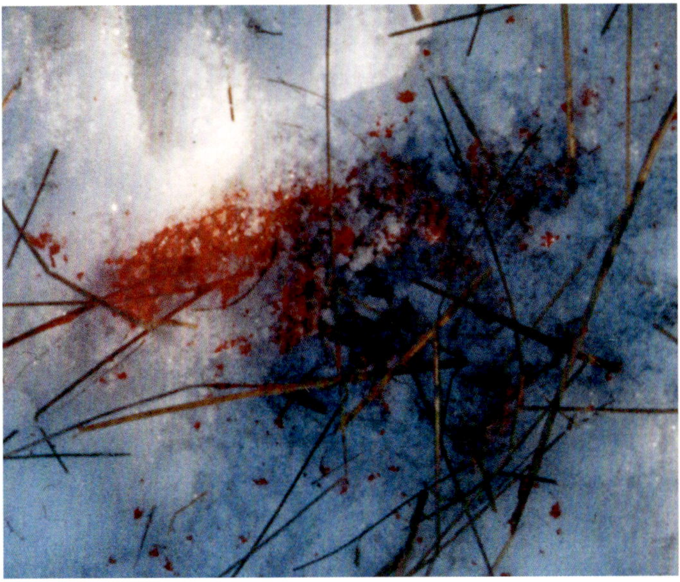

Abb. 154: Lungenschweiß im Schnee

Abb. 155: Wildbretschweiß

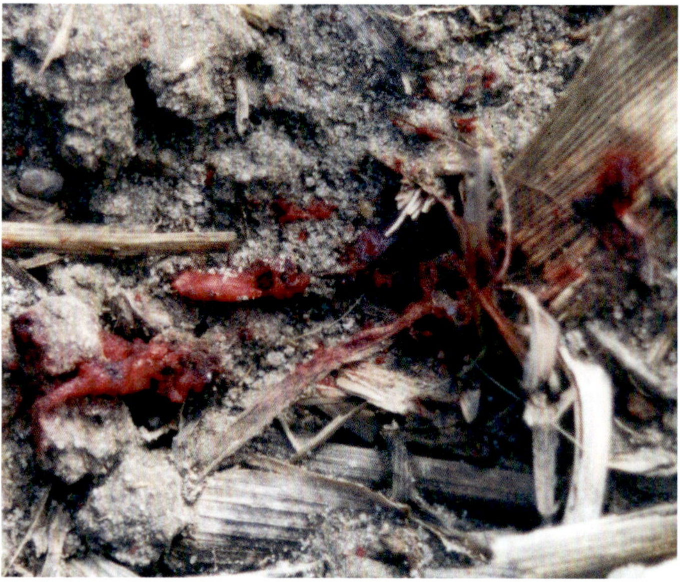

Abb. 156: Wildbretschweiß mit Wildbretfetzen

Abb. 157: Weidwundschuss: Mageninhalt

Abb. 158: Weidwundschuss: Schweiß mit Mageninhalt

Schusswirkung

Die jagdliche Praxis verlangt, dass das Geschoss, abgesehen von guter ballistischer Leistung, auf dem Anschuss hinreichend Schnitthaar sowie genügend Schweiß in die Fluchtfährte liefert. Das beschossene Stück Rotwild soll so schnell wie möglich verenden, ohne dass das Wildbret durch die Schusswirkung entwertet wird.

Im engeren Sinne ist die Schusswirkung die Wirkung, die das Geschoss im Inneren des Wildkörpers hervorbringt. Sie ist abhängig vom Kaliberdurchmesser, Gewicht sowie von Form, Widerstandsfähigkeit und Geschwindigkeit des Geschosses. Die Schusswirkung des abgegebenen Schusses ist umso größer, je mehr Energie des Geschosses im Wildkörper zum Tragen kommt.

Rotwild ist ein körperlich starkes Wild, demzufolge werden entsprechende Anforderungen an die Jagdmunition gestellt. Das Geschoss muss deshalb Masse haben und damit Wirkung nach dem Auftreffen auf den Wildkörper zeigen. Gut wirkende Geschosse sind: DK, TMR, KS, TUG und andere Teilmantelgeschosse mit hoher Schock-, Spreng- und guter Tiefenwirkung. Um diese Forderung zu gewährleisten, darf die Geschossmasse 10,0 g nicht unterschreiten.

Erläuterung der Treffer und Beschreibung der Wirkung:

1 **Äserschuss:** nicht tödlich, qualvolles Verenden.
2 **Drossel-, Schlundschuss:** nicht tödlich, qualvolles Verenden.
3 **Schuss aufs Haupt:** sofort tödlich, liegt im Feuer.
4 **Trägerschuss, Mitte:** sofort tödlich, liegt im Feuer.
5 **Trägeransatz:** sofort tödlich, liegt im Feuer.
6 **Blatt, hoch:** gewöhnlich sofort tödlich.
7 **Blatt, tief:** Herz getroffen, Flucht bis Blutleere im Gehirn, dann Zusammenbrechen.
8 **Stich:** Schweiß in der Mitte der Fährte, schwere Nachsuche, oft erfolglos.
9 **Vorderlauf, hoch:** Knochensplitter, Schweiß bald aufhörend, schwierige Nachsuche.
10 **Vorderlauf, tief:** Knochensplitter, Schweiß aufhörend, schwierige Nachsuche.
11 **Rückgrat:** liegt sofort im Feuer, jedoch nicht sofort tödlich, Fangschuss antragen.

Abb. 159: Skizze eines Rothirsches mit Treffpunktlage

12 **Krellschuss:** liegt gewöhnlich sofort im Feuer, schlegelt, wird aber recht schnell wieder hoch und flüchtig, manchmal wenig Schweiß, aber auch unter Umständen am Anschuss sehr viel Schweiß, der sich dann während der Flucht sehr schnell verringert und schließlich aufhört.

13 **Nierenschuss:** liegt im Feuer, versucht vorn hoch zu kommen, sofort Fangschuss.

14 **Pansenschuss:** verendet nach Stunden, krank werden lassen und dann erst nachsuchen.

15 **Kleines Gescheide (weidwund):** verendet nach Stunden, krank werden lassen und dann erst nachsuchen.

16 **Keulenschuss, hoch:** viel Wildbretschweiß, oft Knochensplitter, wenn im Wundbett Fangschuss.

17 **Hinterlauf, hoch:** anfangs viel Wildbretschweiß, Knochensplitter, schwierige Nachsuche.

18 **Brustkerndurchschuss:** zum Teil am Anschuss Wildbretfetzen, weit schweißend, Nachsuche erfolglos.

19 **Schuss durch das Kurzwildbret:** wenig Schweiß. Nachsuche erfolglos.

Bejagung des Rotwildes

Wie viel erfreulicher ist es, wenn einzelne abschussnotwendige Hirsche nach dem Beobachten richtig angesprochen und gezielt erlegt werden können. Starke Geweihträger erkennt man auf den ersten Blick, aber um einen Abschusshirsch von einem Zukunftshirsch richtig zu unterscheiden, gehören dazu schon Kenntnisse des Ansprechens eines geübten und kundigen Weidgenossen. Die Freude an einem erlegten Hirsch ist umso größer, je sicherer der angesprochene Abschusshirsch nach dem Erlegen als richtig erlegt eingestuft werden kann. Nichts ist unangenehmer, als einen wahllos erlegten jungen Hirsch mit einer Zukunftstrophäe zur Strecke gebracht zu haben.

Um fachgerecht und sicher ansprechen zu können, sind entsprechende Lichtverhältnisse zu beachten. Aus diesem Grund legt das Bundesjagdgesetz fest, dass die Nachtjagd auf Schalenwild – außer auf Schwarzwild – verboten ist. Die illegal durchgeführte Mondscheinjagd auf Trophäenträger hat in vergangener Zeit oft genug Fehlabschüsse erbracht. Das Verbot der Nachtjagd besteht auch für das weibliche Rotwild, wenn nicht von den Jagdbehörden eine Ausnahmegenehmigung erteilt wird.

Die Ruhe im Rotwildrevier gibt die besten Voraussetzungen zum Ansprechen und führt zum Erfolg bei der Bejagung. Das nicht nachhaltig durchdachte Motto „Das Jagdgebiet verursacht Kosten, daher ist in jedem Fall das Erlegen erlaubt“ führt zur Schwächung vorhandener Rotwildbestände. Diese Einstellung geht auch zulasten der Nachbareinstandsgebiete und der Hegegemeinschaften, in denen eine gezielte Bewirtschaftung durchgeführt wird.

Disziplin und Selbstbeherrschung zeichnen einen verantwortungsvollen Weidgenossen aus. Allgemeines Wissen über das Verhalten des Rotwildes in der Wildbahn, über die Lage von Einständen, Äsungsflächen und Wechseln sind unabdingbare Grundlagen der Rotwildjagd.

Zur zielgerichteten Bejagung sind auch biologische Kenntnisse über die Sinnesorgane des Rotwildes zu berücksichtigen. Geruch-, Gehör- und Gesichtssinn sind beim Rotwild außerordentlich ausgeprägt. Das hervorragende Gehör des Rotwildes nimmt bereits in einer Entfernung von 400 bis 500 m Geräusche, z. B. durch die Handhabung der Waffe verursacht, wahr. Dies kann schon zum Abspringen des Rudels oder auch des Einzelstückes führen. Auch das Anschlagen gegen einen Stein wird unter Umständen in solch großen Entfernungen vom Rotwild registriert. Daher ist es von Vorteil, bereits frühzeitig zum Ansitz zu gehen, um sich auf das Heraustreten des Rotwildes rechtzeitig einrichten zu können. Oft zieht es schon beobachtend im Verborgenen und tritt erst nach geraumer Zeit zur Äsung heraus.

Nicht immer kann man einen bestimmten Ansitz zur Jagd auswählen, wenn z. B. Wind- und Luftbewegungen zu den Wechseln hin ziehen. Im Revier wird der Wind durch Wege und Blößen in die Öffnungen der Bestände getragen. Am Waldrand ändert sich die Windrichtung nicht selten in entgegengesetzte Richtung, oft in den Bestand hinein. Auf Blößen in Waldbeständen und Feldeinschnitten, die von Waldbeständen begrenzt sind, zieht der Wind im Kreis herum, sogenannte Kessel- oder Küselwinde. Die unterschiedlichen und zeitweise veränderten Luftbewegungen muss der Jäger erkennen, um Pirsch oder Ansitzjagd danach einzurichten.

Grundsätzlich ist nicht auf das erste erscheinende Stück zu schießen, sondern man wartet, spricht sorgfältig an, um erst dann der Entschluss zum Abschuss zu fassen. In der Feistzeit tritt der starke Feisthirsch gewöhnlich erst in der Dämmerung zur Äsung heraus. Er steht lange unbeweglich am Dickungsrand und sichert, ehe er diesen verlässt. Er zieht auch sehr früh am Morgen wieder in seinen Einstand. Wer einen guten Abschusshirsch erlegen möchte, muss das aus der Dickung oder dem Bestand austretende Hirschrudel herausziehen lassen, um eine gezielte Selektion vornehmen zu können.

Ähnlich ist es auch beim Kahlwild, dort erscheint das sichernde Leittier mit einem Kalb als erstes Stück, dann treten erst die anderen Rudelmitglieder heraus. Der Jäger muss bei seiner Jagdausübung selbstverständlich Sorge tragen, dass er den „Sinnen“ des vorsichtig nach den Äsungsplätzen ziehenden Wildes verborgen bleibt. Er schützt sich durch ruhiges Verhalten, wozu auch gehört, dass er rechtzeitig dort eintrifft, wo er sich ansetzen oder anstellen möchte, und möglichst geräuschlos seinen Platz einnimmt.

Bei den Jagdarten werden Ansitz-, Drück- und Ansitz-Drück-Jagd, Intervallansitzjagd sowie Jagd auf den Brunfthirsch unterschieden.

Ansitzjagd

Die Ansitzjagd ist die Jagdart, bei der sich der Jäger in Ruhe befindet und die Annäherung des Wildes erwartet. Diese Jagdart wird am meisten angewandt, weil durch sie das Wild am wenigsten beunruhigt wird. Auch das Ansprechen kann bei dieser Methode intensiver erfolgen. Deshalb ist die Ansitzjagd die Hauptjagdart auf Rotwild und sollte es auch immer bleiben, weil erforderliche Hegemaßnahmen am besten umgesetzt werden können.

Zum Ansitz eignen sich Hochsitze in Form von offenen und auch geschlossenen Kanzeln mit einer Höhe bis zur Bodenplatte von mindestens 5 bis 6 m. Eine Kanzel soll bequem sein, aber vor allen Dingen den Sicherheitsvorschriften entsprechen, damit der Jäger längere Zeit auf dieser jagdlichen Einrichtung ausharren kann. Mit dem Hochsitz ist man von der Wind- bzw. der Luftbewegung unabhängiger und hat eine bessere Deckung. Ansitzeinrichtungen werden in die Nähe der Äsungsflächen und der bekannten Wildwechsel aufgestellt. Weitere Ansitzeinrichtungen sind Ansitzschirme, Ansitzerdlöcher und fahrbare geschlossene Ansitzwagen. Alle Ansitzeinrichtungen müssen dem Umfeld des Landschafts- und Waldbildes angepasst sein.

Pirschjagd

Die Pirschjagd benötigt gerade beim Rotwild sehr viel Aufmerksamkeit. Der Erfolg der Pirsch wird dadurch gesichert, dass der Jäger sich bei gutem Wind vom Rotwild unbemerkt möglichst nah an dieses heranpirscht. Das setzt sehr gute Revierkenntnis und Wissen über Einstände und Wechsel voraus. Zu welchen Zeiten Rotwild mit hoher Wahrscheinlichkeit angetroffen wird, ist durch Wildbeobachtung zu ermitteln.

Die Pirsch auf Rotwild erfolgt hauptsächlich in den Morgenstunden. Möglich ist auch eine Mittagspirsch, weil das Rotwild in dieser Zeit wieder eine Äsungsperiode hat und erneut auf Äsungsflächen zieht. Eine Abendpirsch ist abzulehnen. Sie bleibt fast immer ohne Erfolg und bringt nur das sonst schon bestätigte Rotwild durcheinander. Der Pirschjäger kontrolliert beim Pirschen ständig die Umgebung. Dabei bewegt er sich geräuschlos auf Wegen, Schneisen und Pirschsteigen. Es gilt der Grundsatz „Mehr stehen als gehen" und dabei sorgfältig beobachten. Beim Pirschen ist es sehr wichtig, Wind- und Luftbewegungen peinlich genau zu beachten. Bei „Mit-dem-Wind-Gehen" ist kaum mit einem Erfolg zu rechnen. Ist es nicht möglich, unter Wind zu pirschen, kann man, soweit die Revierverhältnisse, wie Bodenform und/oder Vegetation, dies zulassen, immerhin noch den halben Wind nutzen.

Beim Anblick eines Rudels ist Ruhe zu bewahren. Man muss sich ausreichend Zeit zum Ansprechen nehmen und sich dabei auf den Schuss vorbereiten. Ist die Schussentfernung zu groß, muss man versuchen, unter Deckungsschutz weiter auf Schussentfernung heranzupirschen. Dabei ist aber äußerste Vorsicht geboten.

Gemeinsame Intervallansitzjagd

Intervallansitzjagden sind Jagdeinsätze, die in Schwerpunktgebieten mit großflächigen, unübersichtlichen oder komplizierten Jagdgebieten die Erfüllung des Abschussplanes oder anderer Notwendigkeiten, wie Wildbestands- und Wildschadensreduzierung u. a., gewährleisten, weil diese Ziele bei der Einzeljagd nicht erreichbar sind.

Intervallansitzjagdeinsätze sollen in Zeitabständen z. B. von 1 bis 3 Wochen, insbesondere nach längeren Jagddruckphasen, durchgeführt werden. Solche organisierten gemeinsamen Ansitze eignen sich sowohl für den Abend- als auch für den Morgenansitz. Voraussetzung ist jedoch, dass genügend Ansitzmöglichkeiten vorhanden sind. Dabei sollten alle für diesen Einsatz notwendigen Ansitze zeitgleich und zum frühestmöglichen Zeitpunkt besetzt werden. Gejagt wird in der Regel nach Zeit.

Drückjagd

Die Drückjagd auf Rotwild ist nicht als Großveranstaltung zu planen. Sie ist mit wenigen Jägern und mit ein oder zwei ortskundigen Jagdhelfern durchzuführen. Schnelle, hochläufige Jagdhunde sind für solch einen Jagdeinsatz ungeeignet, denn sie treiben das Rotwild hochflüchtig aus dem Einstand. Die Schützen werden nicht zu eng und auch nicht unmittelbar an den Wechseln abgestellt. Jagdhelfer gehen ohne großen Lärm gegen den Wind. Das angerührte Rotwild verlässt ruhig die Dickung und kommt den Schützen vertraut.

Ansitz-Drückjagd

Ansitz-Drückjagd ist die Jagdmethode, die die Vorteile von Ansitz und Drückjagd vereint. Durch das weiträumige Absetzen von Jägern an Schneisen, Wildwechseln und in gut übersehbaren Altholzbeständen lässt sich diese Jagdart hervorragend praktizieren. Zur gleichen Zeit erfolgt im gesamten Bereich durch den Jagdeinsatz von ortskundigen Jagdhelfern und gut ausgebildeten Stöberhunden eine behutsame Beunruhigung. Bei dieser Jagdmethode werden gewöhnlich alle Schalenwildarten bejagt. Ansitz-Drückjagden sollten nicht öfter als ein- bis zweimal in den Herbst- und Wintermonaten durchgeführt werden.

Brunftjagd

Für passionierte Jäger ist der Ansitz oder die Pirsch auf einen Brunfthirsch eine sehr reizvolle Jagdart. Die Brunft beginnt etwa Anfang September. Sie erreicht gewöhnlich um den 20. bis 22. September ihren Höhepunkt. Noch bis zum 10. Oktober ist ein sogenanntes Nachbrunften erkennbar.

Einen wesentlichen Einfluss auf die Intensität des Brunftverlaufes hat die zu diesem Zeitpunkt herrschende Witterungslage. Kühle Tagestemperaturen und schon kalte Nächte mit klarem Sternenhimmel intensivieren das Brunftgeschehen, während ein warmer September mit ergiebigem Regen das Brunftgeschehen eher ruhig ablaufen lässt.

Die Brunftintensität wird auch vom Vorhandensein einer genügenden Anzahl Hirsche beeinflusst. So spricht man in der jeweiligen Situation von einer „guten“ oder „schlechten“ Brunft. Die Jagd auf den Brunfthirsch wird dadurch erleichtert, dass der Hirsch seinen Aufenthalt und seine Bewegungen durch den Brunftschrei anzeigt. So kann man, soweit Brunftplätze im Ausnahmefall nicht bekannt sind oder bekannte nicht genutzt werden, den Hirsch mit einiger Aussicht auf Erfolg auch angehen, wozu allerdings reichlich Erfahrung gehört. Am ehesten gelingt dies noch, wenn die Hirsche durch die Anwesenheit von Rivalen abgelenkt sind.

Die Rufjagd gilt zu Recht als die Krone des Weidwerks. Jäger, die die Lautäußerungen des Rotwildes und insbesondere den Hirschruf in allen Varianten beherrschen, bringen den Brunfthirsch z. B. durch Nachahmung eines Rivalen oder durch das Mahnen eines Tieres, durch den Sprengruf usw. zum Zustehen oder gehen ihn unter fortgesetztem Rufen bei entsprechender Geräuschentwicklung (brechende Äste, Fluchten, Steinschlag u. a.) direkt an. Dieses Agieren des höchst sachkundigen, erfahrenen Rotwildjägers hat viele Elemente ursprünglicher Jagd und macht die Faszination der Rufjagd aus.

Bei einer guten Brunft hört man das Rufen der Hirsche nicht nur am Abend oder am Morgen, sondern zum Teil auch tagsüber. In der Zeit der Brunft vernachlässigt der Hirsch in seiner Erregung mehr oder weniger die sonst bekannte Vorsicht. Zu beachten ist hingegen immer die Aufmerksamkeit des Kahlwildes, denn es behält auch in der Brunft seine Vorsicht und sein stetes Sicherheitsbedürfnis bei.

Der Ansitz auf den Brunfthirsch kann in der Nähe des Einstandes an den Wechseln zum Brunftplatz oder am Brunftplatz selbst erfolgen. Das setzt jedoch voraus, dass hohe und komfortable Ansitzeinrichtungen vorhanden sind, um aus den Wind zu kommen.

Am Abend lässt der Brunfthirsch sein Rudel zum Brunftplatz ziehen. Er folgt erst nach, wenn dieses vertraut äst. Auch beim Weiterziehen zu einem anderen Ort folgt er als Letzter in einem deutlichen Abstand. Meist steht er lange in Deckung und tritt erst später zum Kahlwildrudel. Häufig reichen dann die Lichtverhältnisse nicht mehr aus, um ihn sicher anzusprechen. Suchende junge und mittelalte Hirsche sind dagegen frühzeitig oder den Tag über unterwegs, so dass sich die Möglichkeit für einen Selektionsabschuss bietet.

Der Ansitz oder die Pirsch auf den Brunfthirsch ist in der Morgendämmerung wesentlich günstiger. Dazu ist aber notwendig, dass der Ansitz weit vor Sonnenaufgang bezogen wird, um den Standort der rufenden Hirsche rechtzeitig orten zu können.

Bewertung der Rotwildtrophäe

Die Trophäenbewertung hat für die Bewirtschaftung der Rotwildbestände eine wesentliche Bedeutung. Für die Hegegemeinschaft ist sie bei den alljährlichen Trophäenschauen der Prüfstein, ob die bestehenden Bewirtschaftungsrichtlinien den Zielen gerecht geworden sind oder ob sie verändert werden müssen.

Die jährliche Auswertung der Ergebnisse zeigt aber auch, wie weit diese Richtlinien vom Jäger beherrscht oder ernst genommen werden. Sie ist somit eine Qualifizierungsmöglichkeit für Jäger.

Mit der Trophäenbewertung erfolgt die Einordnung in die jeweilige Güte- und Altersklasse. Diese Bewertung darf jedoch nicht losgelöst von den wildbiologischen und ökologischen Prinzipien der nachhaltigen Wildbewirtschaftung betrachtet werden und zu den unerwünschten Auswüchsen eines reinen Trophäenkultes eskalieren.

Messanleitung

1. Stangenlänge. Das Bandmaß wird am unteren äußeren Rosenrand angesetzt und von dort, ohne das Bandmaß in den Winkel zwischen oberem Rosenrand und Stange einzudrücken, fest an der Außenseite der Stange anliegend und allen Krümmungen der Stange folgend, bis zur Spitze des längsten Kronenendes gemessen. Die Messung kann von einer Person nicht mit der genügenden Genauigkeit durchgeführt werden. Um das Verrutschen des Bandmaßes, besonders an den Drehpunkten zu verhindern, fixiert man es am besten durch festen Druck mit der Daumenspitze, der erst gelockert wird, wenn der nächste Festpunkt auf gleiche Weise bestimmt ist. Bei leichtem Nachlassen des Druckes gelingt es der zweiten Person leicht, dem Bandmaß in den Drehpunkten die erforderliche neue Richtung zu geben. In gleicher Weise verfährt man auch in den Fällen, in denen die größte Stangenlänge durch Probieren an verschiedenen Kronenenden ermittelt werden muss. Alle Längen- und Umfangmaße werden auf 0,1 cm genau erfasst.

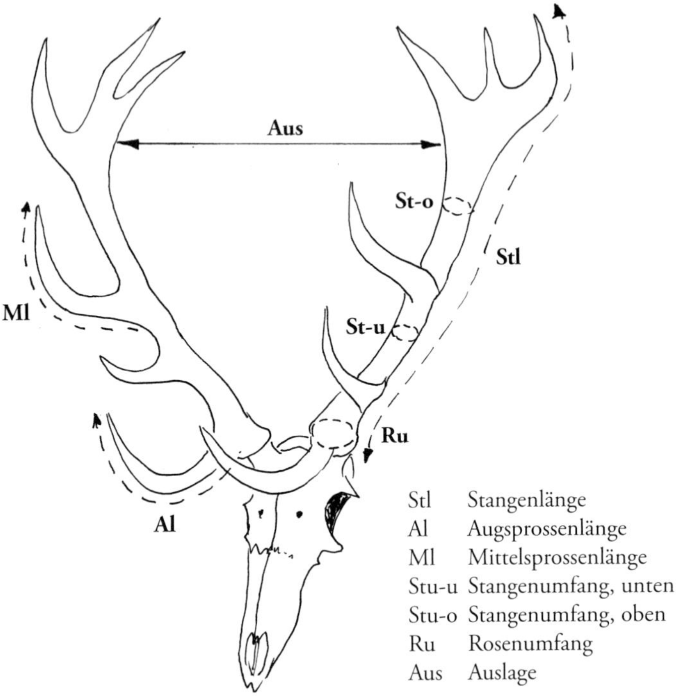

Abb. 160: Vermessen des Rothirschgeweihs

2. Augsprossenlänge. Das Bandmaß wird am oberen Rosenrand angesetzt und bis zur Spitze der Augsprosse auf deren Unterseite geführt. Setzt die Augsprosse nicht unmittelbar über der Rose an, darf das zwischen Rose und Augsprosse liegende Stangenstück nicht mitgemessen werden. Die Messung beginnt dann an der Stelle, wo sich die Augsprosse deutlich sichtbar von der Stange abhebt.

3. Mittelsprossenlänge. Das Bandmaß wird an der unteren Seite der Mittelsprosse dort angesetzt, wo sie sich deutlich sichtbar von der Stangenachse abhebt. Es wird auf der Unterseite der Sprosse bis zur Spitze gemessen. Wenn sich die Mittelsprosse in eine Gabel teilt, erfolgt die Messung bis zum längeren Ende der Gabel.

4. Umfang der Rosen. Die Ermittlung des Rosenumfanges erfolgt auf dem Rosenrand mit fest anliegendem Bandmaß. Auch dazu ist eine Hilfskraft erforderlich, damit das Bandmaß nicht abrutscht und allseitig dicht anliegt.

5., 6. Umfang der Stangen. Der Stangenumfang wird grundsätzlich an der schwächsten Stelle gemessen, die durch Probieren ermittelt werden muss. Als unterer Stangenumfang gilt die schwächste Stelle zwischen der Aug- und Mittelsprosse. Bei vorhandener Eissprosse wird sie meist zwischen dieser und der Mittelsprosse liegen, wenn es auch Abweichungen von dieser Regel gibt. Der obere Stangenumfang wird zwischen der Mittelsprosse und der Krone an der schwächsten Stelle gemessen. Eine eventuell vorhandene Wolfsprosse kann bei den in Deutschland vorkommenden Rotwildschlägen unbedenklich als zur Krone gehörig angesehen werden.

7. Masse des trockenen Geweihs. Die Geweihmasse wird auf einer Brücken- oder Tafelwaage auf 0,01 kg genau ermittelt. Die Waage wird am besten auf ein schmales Brett gestellt, das zwischen zwei Tische oder Stühle gelegt wird, um so ein Aufliegen der langen Stangen zu vermeiden. Unter Umständen genügt es auch, die Waage über die Ecke eines Tisches zu stellen. In jedem Falle muss gewährleistet sein, dass beide Stangen frei herabhängen.

Die Bewertung erfordert die Verwendung der Geweihmasse in lufttrockenem Zustand. Durch das Austrocknen verlieren Geweihe über einen Zeitraum von etwa 6 Monaten hinweg bis zu 10 Prozent und mehr Masse. Da der höchste Masseverlust jedoch bereits in den ersten 2 Monaten nach der Erlegung eintritt, kann die Geweihmasse von diesem Zeitpunkt an voll in Anrechnung gebracht werden. Frischere Geweihe erfordern einen gutachterlichen Abzug. Des Weiteren schwankt die Geweihmasse in Abhängigkeit von der Größe des daran befindlichen Schädelteils. Die Normalmasse gilt für Geweihe, die vom Hinterhauptbein (Oberkante) über die Mitte der Augenhöhlen bis zur Spitze der

Nasenbeine gekappt wurden. Wurde die Trophäe mit vollem Schädel, also mit Hinterhaupt sowie Oberkiefer mit Zähnen, präpariert, müssen 0,7 kg von der so ermittelten Masse abgezogen werden. Die Abzüge verringern sich, je kleiner der über dem normal gekappten Geweih vorhandene Schädelteil ist. Wurde das Geweih sehr kurz, also z. B. ohne Nasenbein, abgeschlagen, können entsprechende Zuschläge gegeben werden. Sie betragen gewöhnlich 0,1 kg.

8. Auslage. Die Auslage wird von Innenseite zu Innenseite der Stangen an der Stelle gemessen, an der diese am weitesten voneinander entfernt sind. Das erhaltene Längenmaß wird mit der durchschnittlichen Stangenlänge ins Verhältnis gesetzt.

Dabei gelten folgende Punktwerte:

0 Punkte	= unter 60 % der durchschnittl. Stangenlänge
1 Punkt	= 60–70 % der durchschnittl. Stangenlänge
2 Punkte	= 70–80 % der durchschnittl. Stangenlänge
3 Punkte	= über 80 % der durchschnittl. Stangenlänge

9. Anzahl der Enden. Die Summe der an beiden Stangen vorhandenen Enden wird ermittelt. Nach der althergebrachten Überlieferung rechnet ein Ende als solches, wenn daran die Fessel eines Jagdhornes aufgehängt werden kann. Da diese Auffassung zu einer subjektiven Auslegung führen kann, gilt die Regel, dass sich ein Ende mindestens 2 cm deutlich von der Stange abheben muss. Abgekämpfte oder abgebrochene Enden rechnen voll, sofern die vorhandenen Reste noch etwa 2 cm lang sind. Künstlich aufgesetzte Enden bleiben selbstverständlich unberücksichtigt.

10. Krone. Die richtige Bewertung der Krone bereitet oft Schwierigkeiten, obwohl die Zahl der Zuschlagspunkte allmählich von 4 bis auf 10 erhöht wurde. Um sich nicht zu sehr vom visuellen Eindruck verleiten zu lassen, gelten die nachstehenden Weiser für die Verteilung der Zuschläge. Auch dadurch kann die Mannigfaltigkeit der Kronenausbildung nicht voll erfasst werden. Es ist erforderlich, in angemessenem Umfange zu interpolieren.

- einfache Kronen, die auf beiden Stangen zusammengenommen 5 bis 7 kurze und schwache Enden haben: 1 Punkt
- einfache Kronen mit 5 bis 7 längeren (etwa 10 bis 15 cm) und kürzeren (etwa 5 bis 10 cm) Enden: 2 Punkte
- einfache Kronen mit 5 bis 7 langen (über 15 cm) oder 6 bis 7 längeren Enden: 3 Punkte
- einfache Kronen mit 6 bis 7 langen, starken Enden oder Doppel- bzw. verzweigte Kronen mit insgesamt 8 bis 9 kürzeren und längeren Enden: 4 bis 5 Punkte
- Doppelkronen oder verzweigte Kronen, die auf beiden Stangen insgesamt 8 bis 9 längere und stärkere Enden (10 bis 15 cm) aufweisen: 6 bis 7 Punkte
- massige Kronen mit mindestens 10 Enden, wie sie z. B. Schaufelkronen, becher- oder handförmige Kronen auf weisen können. Die Enden sollen überwiegend lang und stark sein, mindestens 8 Enden, für die Höchstpunktzahl 10 Enden: 8 bis 10 Punkte

Abgekämpfte Kronenenden werden, sofern die Reste noch etwa 2 cm lang sind, entsprechend der Stärke mitgerechnet.

11. Abzüge. Abzugspunkte werden bei

- stark asymmetrischen Geweihen,
- abnorm geringer oder weiter Auslage und
- mehreren abgebrochenen oder sehr morschen Enden angesetzt.

Die ermittelten Maße und die daraus errechneten Punktwerte werden auf vorgedruckten Bewertungsbögen festgehalten.

12. Schönheitspunkte. Die verschiedenen Schönheitszuschläge geben leider in gewissem Maß subjektiven Ansichten einen Spielraum, zumal sich die mannigfaltige Ausprägung der einzelnen Merkmale nicht immer sehr glücklich in das enge Schema einfügen lässt. Deshalb sind die im Folgenden gegebenen Erläuterungen nur Hinweise. Es ist empfehlenswert, sich auf Trophäenschauen zunächst einen Überblick über die gesamte vorhandene Streubreite zu verschaffen und aus der Vielzahl der Trophäen charakteristische Exemplare herauszusuchen; diese werden dann eingeschätzt. Es ist jedoch selbstverständlich, dass man sich dabei bemüht, die gesamte Variabilität des Merkmales in Betracht zu ziehen, unabhängig davon, wie es im vorhandenen Material auftritt. Es wäre also beispielsweise falsch, bei einer Trophäenschau in einem Gebiet, das nur helle Geweihe hervorbrachte, das relativ dunkelste Geweih mit 2 Punkten zu bewerten. Hier muss die Erfahrung der Bewerter mithelfen. Es ist erlaubt, halbe Punkte zu vergeben, doch sollte man von einer weiteren Unterteilung in Viertelwerte absehen.

Farbe:
- hellgraue, gelbliche oder künstlich gefärbte Geweihe erhalten keinen Zuschlag
- graue bis mittelbraune Geweihe: 1 Punkt
- dunkelbraune bis schwarze Geweihe: 2 Punkte

Perlung:
- glatte oder sehr schwach geperlte Stangen: 0 Punkte
- normale Perlung, die auch kleinflächig an den Seiten unterbrochen sein kann: 1 Punkt
- starke, körnige Perlung, die auch kleinflächig an den Seiten unterbrochen sein kann: 2 Punkte

Spitzen der Enden:
- stumpfe oder morsche Enden: 0 Punkte
- dunkle, aber spitze Enden: 1 Punkt
- weiße und spitze Enden: 2 Punkte

Es wird der Gesamteindruck aller Geweihenden, einschließlich der Krone, in Betracht gezogen.

Eissprossen:
- wenn die Eissprossen nur angedeutet sind oder fehlen: 0 Punkte

- eine gut ausgebildete Eissprosse oder 2 kurze Eissprossen (etwa halbe Augsprossenlänge): 1 Punkt
- zwei gut ausgebildete lange Eissprossen, die etwa die Länge der Aug- oder Mittelsprosse erreichen oder doch in angemessener Relation dazu stehen: 2 Punkte

Rothirschgeweihformel – Internationale (Madrider) Formel

Messungen	Punkte
1. Länge linke und rechte Stange	Durchschnitt in cm x 0,5 ....
2. Länge linke und rechte Augsprosse	Durchschnitt in cm x 0,25 ....
3. Länge linke und rechte Mittelsprosse	Durchschnitt in cm x 0,25 ....
4. Umfang linke und rechte Rose	Durchschnitt in cm x 1 ....
5.1 Umfang der linken Stange zwischen Aug- und Mittelsprosse 5.2 Umfang der rechten Stange zwischen Aug- und Mittelsprosse	jeweils in cm x 1 ....
6.1 Umfang der linken Stange zwischen Mittelsprosse und Krone 6.2 Umfang der rechten Stange zwischen Mittelsprosse und Krone	jeweils in cm x 1 ....
7. Masse des trockenen Geweihs	in kg x 2 ....
8. Auslage	0 bis 3 Punkte ....
9. Anzahl der Enden	1 Ende = 1 Punkt ....
10. Schönheitspunkte 10.1 Farbe – 10.2 Perlung – 10.3 Spitzen der Enden – 10.4 Eissprossen – 10.5 Krone	10.1–10.4 = jeweils 0 bis 3 Punkte .... 10.5 = 0 bis 10 Punkte ....
11. Abzüge	0 bis 3 Punkte .... Begründung: ______________________
	Endgültige Punkte ....

Prämierungsgrenzen

I.	Preis (Goldmedaille)	über 210 Punkte
II.	Preis (Silbermedaille)	190 bis 209,9 Punkte
III.	Preis (Bronzemedaille)	170 bis 189,9 Punkte

Gemeinsame Richtlinie für die Hege und Bejagung des Schalenwildes der Länder Brandenburg und Mecklenburg-Vorpommern

(Wildbewirtschaftungsrichtlinie) Vom 24.09.2001

Aufgrund vieler Gemeinsamkeiten, insbesondere im Hinblick auf die vorhandenen Lebensräume und Wildpopulationen haben sich die jeweiligen Obersten Jagdbehörden sowie die Landesjagdverbände der Länder Brandenburg und Mecklenburg-Vorpommern darauf verständigt, eine gemeinsame Wildbewirtschaftungsrichtlinie zu erlassen. Sie enthält einheitliche Altersklassen und Bewirtschaftungskriterien; gleichwohl wird den jeweiligen landesrechtlichen Voraussetzungen und Besonderheiten Rechnung getragen.

1 Landesspezifische Ziele und Grundsätze der Schalenwildbewirtschaftung

(1) Schalenwild ist Bestandteil der heimischen Natur; ihm soll durch die Hege in seinen natürlichen Lebensräumen die Lebensgrundlage gesichert werden. Dazu ist es notwendig, den Wildbestand an landwirtschaftliche und landeskulturelle Verhältnisse anzupassen und einen artenreichen und gesunden Wildbestand zu erhalten. Die Hege muss so durchgeführt werden, dass Beeinträchtigungen einer ordnungsgemäßen land- und forstwirtschaftlichen Nutzung, insbesondere Wildschäden, möglichst vermieden werden. Zur Hege gehören weiterhin die Biotopgestaltung, die Schaffung von Ruhezonen und, sofern erforderlich, die Besucherlenkung.

(2) Rot-, Dam- und Muffelwild sind nur in geeigneten Lebensräumen mit einer artgerechten Naturausstattung zu bewirtschaften (Bewirtschaftungsbezirke). Die Lebensräume müssen die Voraussetzung für ein dauerhaftes und nachhaltiges Vorkom-

men bieten. Größe, artgerechte Ausstattung und Äsungskapazität der Lebensräume sowie die berechtigten Ansprüche der Land- und Forstwirtschaft auf Schutz gegen Wildschäden sind maßgebend für den Umfang der örtlich anzustrebenden Wildbestände (Zielbestand).

(3) Eine wesentliche Grundlage für eine ordnungsgemäße Hege, insbesondere von Rot-, Dam- und Schwarzwild, ist der Zusammenschluss der Jagdausübungsberechtigten in Hegegemeinschaften innerhalb der Lebensräume des Wildes (§ 12 des Landesjagdgesetzes).

(4) Die Ansprache des Wildes ist aus Gründen des Tierschutzes und der Weidgerechtigkeit stets äußerst gewissenhaft durchzuführen.

(5) Der Abschuss nach Altersklasse und Geschlecht hat das Ziel, eine artgerechte Alters- und Geschlechterstruktur zu erreichen bzw. zu erhalten. Hierfür ist die Erfüllung des Abschussplanes nach dem Geschlecht und in der jeweiligen Altersklasse erforderlich.

(6) Um die Schalenwildbestände optimal zu nutzen, ist durch rechtzeitige Erlegung von Jungtieren der jagdliche Anteil an der Gesamtmortalität zu erhöhen.

(7) Der Wechsel von einer Altersklasse in die nächsthöhere erfolgt jeweils mit dem Stichtag 1. April; bei Jungtieren erfolgt der Wechsel am 1. April des auf die Geburt folgenden Kalenderjahres.

(8) Unabhängig vom Abschussplan kann stark überaltertes Wild, das körperlich weit zurückgesetzt hat, erlegt werden.

(9) Abweichungen von den nachstehenden Kriterien sind in begründeten Ausnahmefällen möglich und bedürfen der Genehmigung der Unteren Jagdbehörde.

2 Rahmenkriterien für die Bewirtschaftung der Schalenwildarten

2.1 Rotwild

2.1.1 Grundlagen

Zielbestand	in Stück: durch die Hegegemeinschaften im Bewirtschaftungsbezirk vorzuschlagen und durch die Untere Jagdbehörde zu bestätigen/festzusetzen
Zuwachs:	75 von Hundert des am 1. April vorhandenen weiblichen Wildes
Geschlechterverhältnis männlich zu weiblich im Abschuss:	von 45 : 55 bis 30 : 70

2.1.2 Altersklassen und Streckenanteile

Geschlecht	Altersklasse	Alter in Jahren	Zu planender Streckenanteil (Richtwerte)
weiblich	0 (Wildkälber)	unter 1	45 % vom Ges.-abschuss, ♀
	1 (Schmaltiere)	1	15 % vom Ges.-abschuss, ♀
	2 (Alttiere)	ab 2	40 % vom Ges.-abschuss, ♀
männlich	0 (Hirschkälber)	unter 1	45 % vom Ges.-abschuss, ♂
	1 (Schmalspießer)	1	25 % vom Ges.-abschuss, ♂

Geschlecht	Altersklasse	Alter in Jahren	Zu planender Streckenanteil (Richtwerte)
männlich	2 (Junge Hirsche)	2 bis 4	15 % vom Ges.-abschuss, ♂
	3 (Mittelalte Hirsche)	ab 2	5 % vom Ges.-abschuss, ♂
	4 (Alte Hirsche)	ab 10	10 % vom Ges.-abschuss, ♂

2.1.3 Erläuterungen

(1) Als Grundlage für die altersklassenweise Abschussplanung ist in den Rotwildbewirtschaftungsbezirken entsprechend den Gegebenheiten der Population das Geschlechterverhältnis im Abschuss innerhalb der angegebenen Spanne durch die Rotwildhegegemeinschaft im Einvernehmen mit der Unteren Jagdbehörde festzulegen.

(2) Für Rotwildbewirtschaftungsbezirke sollten zur Erhaltung eines gesunden Rotwildbestandes Erlegungskriterien durch die darin gebildeten Hegegemeinschaften festgelegt werden. Hierfür ist das Einvernehmen mit der Unteren Jagdbehörde erforderlich. Sofern kein Einvernehmen erzielt werden kann, entscheidet die Oberste Jagdbehörde. In einem Bewirtschaftungsbezirk sollen stets die gleichen Kriterien gelten.

(3) In Rotwildbewirtschaftungsbezirken kann die Untere Jagdbehörde auf Antrag der Hegegemeinschaft im Abschussplan die männlichen Altersklassen 1 und 2 sowie 3 und 4 für die Jagdbezirke, deren Revierinhaber Mitglied der Hegegemeinschaft sind, in die Altersklassen 1, 2 sowie 3, 4 zusammenfassen. Die Untere Jagdbehörde kann die Zusammenfassung der Altersklassen zum Ende eines jeden Jagdjahres widerrufen. Die Wildnachweisung ist getrennt zu führen.

(4) Oftmals lassen sich die Rotkälber nach dem Geschlecht nur schwer voneinander unterscheiden. Aus diesem Grunde ist es kein Verstoß gegen den Abschussplan, wenn statt eines weiblichen ein männliches Rotkalb oder umgekehrt erlegt wird. Die Wildnachweisung ist getrennt zu führen.

(5) Im Fall zu reduzierender Bestände können die Mitglieder einer Hegegemeinschaft Stücke der Altersklassen 0 und 1 über die geplante Stückzahl hinaus erlegen; der Abschussplan gilt dann als um diese Stückzahl erhöht.

Quellennachweis

BENNINDE, J.: Zur Naturgeschichte des Rothirsches. Verlag Dr. P. Schöps, Leipzig 1973.

BRIEDERMANN, L.; MELITZ, S.; RICHTER, H. J.: Jagdtrophäen, 1. Auflage. VEB Deutscher Landwirtschaftsverlag, Berlin 1979.

HETSCHOLD, W.: Das Ansprechen des Rotwildes. Verlag Paul Parey, Hamburg und Berlin 1963.

GESETZBLATT: Gemeinsame Richtlinie für die Hege und Bejagung des Schalenwildes der Länder Brandenburg und Mecklenburg-Vorpommern (Bewirtschaftungsrichtlinie vom 24.09.2001).

LINDGENS, A.: Wild, Bild und Kugel. Globus Verlag, Berlin 1937.

MILLAHN, G.: Lehrbeiträge Jagdkunde. Brieselang 1967.

NEUMANN, A.: Die Abschussdurchführung in der Jugendklasse beim Rothirsch. Wildforschung und Jagdwirtschaft. Kleine Beiträge. Staatliches Komitee für Forstwirtschaft, Berlin 1967.

RAESFELD, F. v.: Die Hege in der freien Wildbahn. Verlag Paul Parey, Hamburg und Berlin 1974.

WAGENKNECHT, E.: Die Bewirtschaftung unserer Schalenwildbestände, 3. Auflage. VEB Deutscher Landwirtschaftsverlag, Berlin 1968.

WAGENKNECHT, E.: Bewirtschaftung von Schalenwild, 1. Auflage. Deutscher Landwirtschaftsverlag, Berlin 1995.

WAGENKNECHT, E.: Rotwild, 5. Auflage. nimrod-verlag, Suderburg 2000.

ZIMPEL u. a.: Praxis der Jagd, 3. Auflage. VEB Deutscher Landwirtschaftsverlag, Berlin 1963.

FISCHER/SCHUMANN

Rehwild

Ansprechen und Bejagen

5. Auflage
Broschüre, 184 Seiten
zahlr. farb. Abbildungen
Format 10,5 x 19 cm
ISBN 978-3-7888-2037-4

Rehwild gehört zu den beliebtesten schalenwildarten der Jäger wie der Naturfreunde gleichermaßen. Sie schätzen die Standorttreue, die Tagaktivität und die Variabilität der Gehörnformen. Viele Jäger sprechen vom „Hochwild des Herzens“, um ihre Wertschätzung für das Rehwild treffend zu beschreiben.

Die Autoren stellen in bewährter Weise sowohl gesicherte Erkenntnisse der Wildbiologie und Jagdwissenschaft als auch eigene Erfahrung aus jahrzehntelangem Forst- und Jagdbetrieb vor.

Sie erteilen Aussagen oder gar Vorgaben, wie „Zahl vor Wahl“ und „Jedes Reh im Wald ist ein Reh zuviel“, eine klare Absage.

Voraussetzung für den selektiven Abschuss gemäß Vegetationsgutachten ist generell das richtige Ansprechen der Stücke; das gilt selbstverständlich auch für einen zeitlich begrenzten Reduktionsabschuss, z. B. in Waldumbaugebieten.

Die zielführende Bewirtschaftung des Rehwildes muss nach wie vor auf ganzheitlicher Beurteilung der Situation des Bestandes und der Umwelt im jeweiligen Jagdbezirk fußen. Deshalb bleiben Alters- und Güteklasseneinteilung zur Bestimmung der Abschusskriterien auch in Zukunft unverzichtbar.

seit 1872

Neumann-Neudamm Verlag
Unter dem Schöneberg 1
34212 Melsungen
info@neumann-neudamm.de

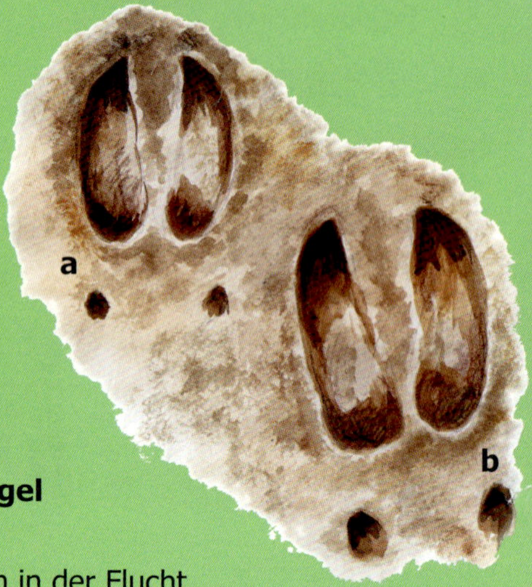

Abb. 5 – Trittsiegel vom Rothirsch

a – geringer Hirsch in der Flucht
b – starker Hirsch in der Flucht

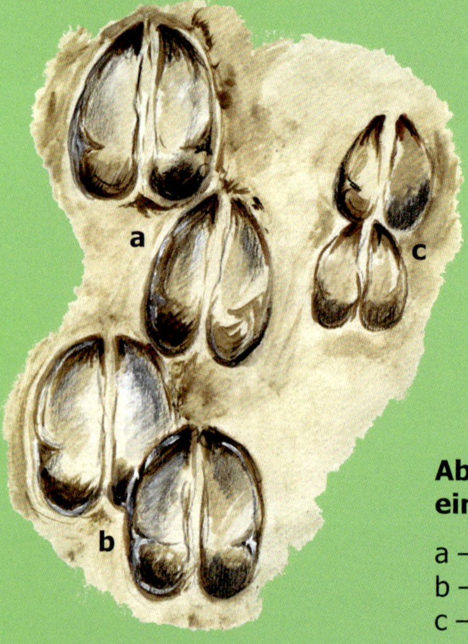

Abb. 6 – Trittsiegel eines Kleinrudels

a – Alttier
b – Schmalspießer
c – Wildkalb